行銷管理
不可不學的 14 堂關鍵行銷課
Marketing Management

Dawn Iacobucci 著

卓建道 編譯

陳智凱・邱詠婷 編審

Australia • Brazil • Mexico • Singapore • United Kingdom • United States

行銷管理：不可不學的 14 堂關鍵行銷課 / Dawn Iacobucci 著；卓建道編譯. -- 初版. -- 臺北市：新加坡商聖智學習, 2017.03
　　面；　公分
　　譯自：Marketing Management
　　ISBN　978-986-5632-85-4 (平裝)

1. 行銷管理

496　　　　　　　　　　　　　　　　105021940

行銷管理：不可不學的 14 堂關鍵行銷課

© 2017 年，新加坡商聖智學習亞洲私人有限公司台灣分公司著作權所有。本書所有內容，未經本公司事前書面授權，不得以任何方式（包括儲存於資料庫或任何存取系統內）作全部或局部之翻印、仿製或轉載。

© 2017 Cengage Learning Asia Pte. Ltd.
Original: Marketing Management
　　　By Dawn Iacobucci
　　　ISBN: 9781285429953
　　　©2015 Cengage Learning
　　　All rights reserved.

　　　1　2　3　4　5　6　7　8　9　2　0　1　9　8　7

出　版　商	新加坡商聖智學習亞洲私人有限公司台灣分公司
	10349 臺北市鄭州路 87 號 9 樓之 1
	http://www.cengageasia.com
	電話：(02) 2558-0569　　傳真：(02) 2558-0360
原　　　著	Dawn Iacobucci
編　　　譯	卓建道
編　　　審	陳智凱・邱詠婷
總　經　銷	台灣東華書局股份有限公司
	地址：100 台北市重慶南路 1 段 147 號 3 樓
	http://www.tunghua.com.tw
	郵撥：00064813
	電話：(02) 2311-4027
	傳真：(02) 2311-6615
出版日期	西元 2017 年 3 月　初版一刷

ISBN 978-986-5632-85-4

(17CMS0)

編審者簡介

陳智凱　教授

　　國立台北教育大學文化創意產業經營學系所教授，國立台灣大學國際企業學博士，曾任行政院 院長室諮議、中山醫學大學專任及台灣藝術大學等校兼任助理教授。出版《哄騙－精神分裂》等書籍廿餘冊，SSCI 等國內外期刊、報章評論及政策文稿四百餘篇。編譯《認識商業》乙書獲選中國百大經濟學書單，著作《後現代哄騙》乙書獲選國家圖書館 2015 年度重要選書。

邱詠婷　教授

　　國立台北教育大學文化創意產業經營學系所副教授，國立台灣大學建築城鄉學博士，美國加州柏克萊大學建築與都市景觀學士碩士 MArch，曾任國立台北教育大學通識中心主任，實踐大學專任及台北醫學大學、中原大學等校兼任助理教授。出版《空凍》等書籍並獲國家圖書館推薦為 2014 年度重要選書。

編審序

　　《行銷概論》（*Marketing Management*）是由曾任美國西北大學凱洛格管理學院行銷學教授的唐恩‧亞可布齊（Dawn Iacobucci）撰寫。西北大學一直是全球知名的行銷理論與行銷傳播教育的搖籃，具有非常悠久的歷史。而凱洛格管理學院更是連續多年被評為全球最佳管理研究所，該院的行銷碩士學位與行銷課程一直執全美行銷學牛耳，值得一提的是，當代知名行銷大師科特勒就是任教於西北大學。基於上揭優質的學術脈絡，作者透過對行銷核心概念的說明，提供一個行銷管理的動態模型，全書拋棄艱澀的學術用語，改以簡明的文字與豐富案例，讓人更了解當今行銷面臨的挑戰與策略因應。本書在 2014 年已經在美上市，儘管迄今才得以引進國內，無論如何，有機會讓人一窺全球一流行銷學府如何造就一流的行銷人才，尤其能在過程中負責審閱與部份編譯工作，特別令人感到喜樂！

陳敬如
邱詠婷
2017 年 1 月

譯序

擔任教職工作期間，常常困擾如何尋找合適學習者使用之教材，更深刻體會一份適當的教材，可以協助育才工作順遂推行，達到事半功倍「教」、「學」效果！同時，「學」與「教」雙方雨露均霑！產業艱困的教科書出版業，亦陷入相同市場思考邏輯。因此，更凸顯出版教科書任務的艱鉅與神聖，筆者深感惶恐，接受東華書局儲經理之邀約。寫作過程戰戰兢兢，仍有疏漏，尚期諸學術先進不吝賜教！

本書編寫邏輯，聚焦行銷科學重要理論，佐以台灣行銷實務個案，試圖以言簡意賅理念，修減過於繁複理論，期使本書讀者可以輕鬆領悟理論之精髓，並掌握應用於實務工作上。寫作架構參酌學者 Dawn Iacobucci (2015) *Marketing Management* 一書，全書共五篇綱要，以十七章系統性介紹重要行銷知識，每章以台灣行銷實務個案簡介，總結該章之理論應用。

本書能夠出版，感謝東華書局，在大學教科書如此不景氣氛圍，仍願意提供資源，協助筆者完成本書傳承知識，感佩不已！特別感謝貴公司儲方經理與編輯部謝佩珈小姐不辭辛勞，給予編寫上的協助與敦促，特此感謝！除此之外，忙於撰寫本書出版內容，犧牲與家人相處時間，感謝摯愛的父母與家人 Tiffany, Elin, 與 Angelin 體諒與包容！最後，感謝過去學習過程中，諸位師長的專業指導！教育使命未竟全功 仍須努力！！

卓建道 謹識
2017 年 1 月

目錄

編審者簡介 iii
編審序 iv
譯序 v

PART 1　行銷概論

CHAPTER 1　行銷管理的重要性 3
1-1　行銷定義 3
1-2　行銷是一種交換關係 3
1-3　行銷管理的重要性 6
1-4　行銷架構：5Cs、STP 與 4Ps 7

CHAPTER 2　消費者行為 13
2-1　購物三階段 13
2-2　購買形態 15
2-3　消費者行為的行銷科學 17

CHAPTER 3　市場區隔 25
3-1　為什麼要區隔市場？ 25
3-2　什麼是市場區隔？ 26
3-3　市場區隔變數 28
3-4　如何區隔市場 32

CHAPTER 4　目標市場 39
4-1　目標市場的重要性 39
4-2　如何選擇目標市場？ 40
4-3　市場規模 44

CHAPTER 5　市場定位 49
5-1　市場定位與重要性 49

PART 2　產品定位

CHAPTER 6　產品定義 67
6-1　什麼是產品？ 67

- 6-2 商品與服務差異 68
- 6-3 企業核心產品 72

CHAPTER 7　品牌定位 77
- 7-1 品牌是什麼？ 77
- 7-2 為什麼要有品牌？ 79
- 7-3 什麼是品牌聯想？ 81
- 7-4 什麼是品牌策略？ 84
- 7-5 品牌資產 88

CHAPTER 8　新產品定位 91
- 8-1 新產品的重要性 91
- 8-2 如何針對消費者發展新產品 92
- 8-3 新產品與品牌延伸的行銷策略 99
- 8-4 市場發展趨勢 101

PART 3　價格、通路與推廣之產品定位

CHAPTER 9　定價 107
- 9-1 定價的重要性 108
- 9-2 供給與需求 108
- 9-3 低價策略 110
- 9-4 高價策略 113
- 9-5 營收與利潤 114
- 9-6 消費者與心理定價 116

CHAPTER 10　通路配銷定位 117
- 10-1 配銷通路與供應鏈運籌管理 118
- 10-2 通路設計：密集性或選擇性通路 121
- 10-3 通路關係的權力與衝突 123

CHAPTER 11　整合行銷溝通——廣告訊息 131
- 11-1 廣告的意涵 133
- 11-2 廣告的重要性 133
- 11-3 廣告活動的行銷目標 134
- 11-4 廣告訊息設計 135
- 11-5 廣告評估 138

CHAPTER 12　整合行銷溝通——媒體選擇 141
- 12-1 媒體決策 142

12-2 整合行銷溝通 145
12-3 廣告效益評估 148

CHAPTER 13 社交媒體 151
13-1 社交媒體 151
13-2 社會網絡 153
13-3 社交媒體分析 155

PART 4　產品定位——消費者觀點

CHAPTER 14 消費者關係 159
14-1 消費者評估與重要性 159
14-2 消費者產品評估 160
14-3 產品品質與消費者滿意 162
14-4 消費者忠誠與消費者關係管理 162

CHAPTER 15 行銷研究工具 167
15-1 行銷研究的重要性 168
15-2 集群分析——市場區隔 169
15-3 知覺圖分析——市場定位 170
15-4 焦點團體——產品概念測試 173
15-5 聯合分析——產品屬性測試 174
15-6 消費者掃描資料分析 176
15-7 問卷調查分析 176

PART 5　行銷目標

CHAPTER 16 行銷策略 181
16-1 企業與行銷目標類型 182
16-2 行銷策略 183
16-3 行銷策略執行 187
16-4 行銷策略監控 188

CHAPTER 17 行銷規劃 191
17-1 行銷計劃整合 191
17-2 情境分析 192
17-3 時間與預算配置 196

索引 199

PART I

行銷概論

CHAPTER 1 行銷管理的重要性

本章大綱

I 行銷的定義
II 行銷是一種交換關係
III 行銷管理的重要性
IV 行銷架構：5Cs、STP 與 4Ps

1-1 行銷的定義

有些人直覺以為，行銷只是銷售或廣告！事實上，行銷活動複雜程度，甚於上述兩項商業行為。本書將依序詳述內容於各章節。本書亦將說明，現代公司以消費者為導向的行銷重要性及其執行方法。廠商面對多變的經濟與競爭環境，會利用最先進創新、最大利益、最耐用產品取悅它們的消費者。

本章首先討論行銷觀念與重要專有名詞，包括下列專有名詞：5Cs、STP 與 4Ps。本書基於上述架構，以系統方法瞭解行銷及其結構。

1-2 行銷是一種交換關係

行銷（marketing）是企業與消費者之間，利益互相交換行為。圖 1-1 指出，企業滿足消費者需求，消費者滿足企業營運需求；行銷人員試圖瞭解消費者的需求及如何提供需求並產生利潤。因此，行銷的關鍵在消費者導向。

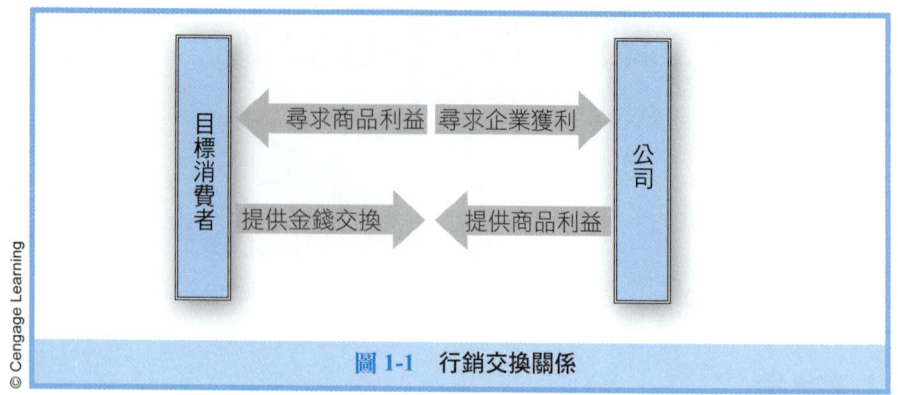

圖 1-1　行銷交換關係

　　理想上，行銷是美事一樁；而且，是接受雙方共生共榮關係。消費者支付他們預期購買的商品，甚至，消費者如果越渴望得到需求商品，經常願意以更高的價格取得。公司尋求獲利是天經地義的，但能長期獲利的公司，必須真實關心它們的消費者！圖 1-1 說明如果消費者與公司進行交易，彼此互相滿意，因此持續重複交易行為，以強化彼此互動關係。

　　終身消費者觀點，道出以消費者為本之行銷策略思考；本書亦將以公司經營者觀點來思考行銷策略！本書內容將特別分析了行銷人員傳遞產品價值方法與如何獲得消費者相對等價值回饋。

　　如果你是一個品牌經理、行銷長（CMO）或執行長（CEO），記得以消費者的觀點，全程審視經營環境變數，如此將越瞭解消費者的需求，以至於企業更具有競爭力，讓你的消費者更享受、更快樂！

1-2a　處處皆行銷

　　如圖 1-2 所示，「行銷」的對象包羅萬象：行銷經理銷售簡單有形商品，如肥皂或洗髮乳等包裝消費性商品，或者較昂貴有形商品，如汽車或珠寶；有些服務業行銷經理，則從事服務產業，如理髮、航空、旅館或百貨業，有些行銷人員負責活動門票銷售，如主題遊樂園、歌劇或演唱會，行銷人員協助表演藝術家、運動家、政治人物或其他知名人士形象，個人消費市場，如仰慕者、代理人、知識分子、公共議題；觀光主管單位，利用行銷人員推廣城市或國家獨特觀光賣點，產品資訊經由行銷極大化，廣告效力說服消費者，相信產品是最好、最新、最有價值

等優勢。再者，若是非營利或政府組織，推廣公共議題，如鼓勵器官捐贈、開車不喝酒或減少使用手機。行銷目的，可以是品牌或公司，亦可以是整體產業（如美國牛肉或鮮乳生產協會）；換句話說，行銷對象可以包羅萬象，無所不銷。

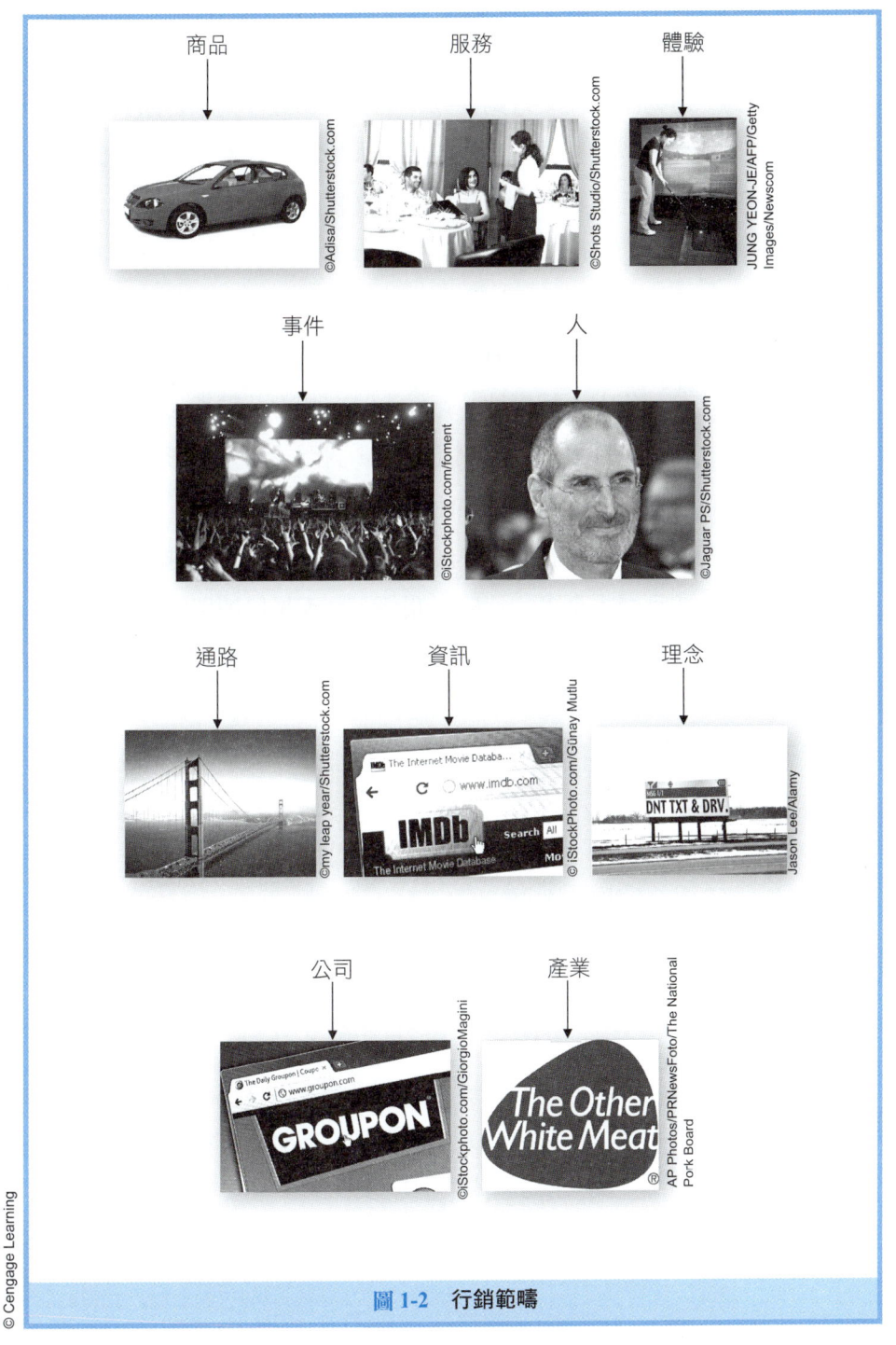

圖 1-2　行銷範疇

1-3 行銷管理的重要性

行銷角色演化過程，從「產品導向」或「聚焦生產力」的市場觀念，公司想法只是致力於「做出比別家更好的捕鼠器」？不過，只努力生產產品，定無法真正競逐市場，除非廠商提供的產品正符合消費者的需求。在少數產業裡，仍然不成熟地看待行銷活動，例如，有些博物館館長認為，博物館不需要行銷活動，他們認為社會大眾會欣賞他們的展覽，如果社會大眾不喜歡，那是導因於大眾缺乏文藝素養，較偏好通俗文化。事實上，行銷應該也扮演推廣藝文教育的角色。

行銷市場概念，已超越了過時的銷售導向市場概念，行銷導向的市場概念，不只是完成交易行為。但是，有些產業市場經營者，仍存在著以銷售為導向經營市場，如有些醫學藥品公司對醫生強力推銷，相信只要是商品就有銷售力；相反地，行銷人員有能力凸顯產品的特色。行銷的威力，證明大量針對消費者藥品廣告，對門診醫生將形成壓力，這些廣告促使患者詢問特定品牌藥品而影響醫生用藥。

行銷是市場演化的證據，亦顯示一個產業或國家超越生產和銷售的市場導向，並且尋求真實的消費者關係。今天是以消費者為導向的行銷世界。行銷人員辨識消費者需求與需要，並且制定有吸引人的解決方案。行銷可以讓消費者更快樂，創造公司更多的利潤。好的公司有好的行銷能力，因此利用行銷可以強化事業增加公司競爭力，經由本書，讀者將瞭解箇中奧妙。

1-3a 行銷與消費者滿意，人人有責

管理先驅認為，行銷任務要成功不能只是依靠組織部門，行銷是一種思考商業機會的哲學，組織應該以行銷為導向：

- 會計與財務部門都需要瞭解行銷，以便支持公司高階主管執行策略活動。只有獨佔事業經理人，才會認為消費者不重要；事實上，幾乎沒有一家企業永遠是獨佔的！
- 銷售人員在前線，面對消費者而立即感受行銷的重要性，若公司能

提供消費者需求,將使銷售更容易。
- ◆ 產品研發部門亦應瞭解行銷精神,研發人員主要負責複雜的產品技術,更樂意見到他們的產品熱賣。對於概念產品,行銷工作可以修正產品研發方向。

現代市場從業人員面臨前所未有的銷售壓力,行銷活動結果可提供公司高階主管營運的參考資料,如財務長,可以瞭解折扣券增加了多少銷售量來衡量行銷長業務效率;營運長亦可評估線上買家是否是因為受到直效行銷電子郵件刺激才引發購買行動。

然而,行銷的重要議題就在於不應盲目追求銷售量增加。舉例來說,如何評估市場區隔價值,便是一個重要行銷工作。因為不佳的市場區隔,即使有再多的市場行銷努力,最終仍然虛耗資源!直接地說,有競爭力的市場區隔計劃,才算值回票價!產品廣告暗藏弔詭,非市場人士有個迷思,誤以為廣告可以刺激銷售,並且易於從銷售數字變化察覺,但廣告效益不應只是短期銷售效益,更確切的說,一則稱職的廣告應該強化品牌形象,這樣的廣告影響相對深遠,卻不容易評估。

除此之外,數字對於行銷計劃效益是重要的,原因是行銷長利用銷售數字以證明他們對組織的財務貢獻,並且舉證自己與其他部門主管相比,對於組織的重要程度;其他部門主管經常將財務表現掛在嘴上,促使行銷人員時時使用財務角度來解釋行銷表現。幸運地,現代科技與行銷資料利於行銷人員更多評估機會,例如,有效率的消費者關係管理(customer relationship management, CRM)軟體,可以協助行銷人員擷取消費者雲端資料,針對目標消費者,快速設計出最有吸引力的促銷專案。

1-4 行銷架構:5Cs、STP 與 4Ps

行銷應該涵蓋 5Cs、STP 和 4Ps,如圖 1-3 所示。5Cs 意指消費者、公司、環境、合作者與競爭者。5Cs 協助商務人士,有系統的分析整體商業情境。圖 1-1 說明,消費者(customer)與公司(company)是行銷交換活動的主要角色,環境(context)包括總體經濟因素,如經濟發

展、供應商、法規、文化差異改變等。合作者（collaborators）與競爭者（competitors），是我們每天一起合作或競爭的對象（現代緊密連結的商業環境，有時候兩者亦敵亦友，很難分辨）。

STP 意即市場區隔、目標市場與市場定位。公司希望能擁有萬能的商品，永遠贏得所有消費者的青睞，但是天下哪有這麼完美的事！因此，辨識相同需求的消費市場區隔（segments），為首要之務。一旦我們瞭解了不同市場區隔偏好後，即可運用行銷努力，鎖定（target）特定區隔消費者，然後操作 4Ps，發展關於選定之自我產品市場定位（positioning）。

4Ps 指產品、價格、通路、推廣。行銷人員負責創造消費者需求產品（product）（有形商品／服務）、適當定價（pricing）、適當安排方便購買之通路（place），最後利用產品廣告與人員銷售加以推廣（promoting），使消費者瞭解產品利益與價值。

行銷管理是為了順利達成消費者與廠商的市場交換機制目標，審視組織的 5Cs、STP 和 4Ps。聽起來行銷好像很簡單，不就是擁有一群消費者，釐清目標消費，利用 4Ps 特色建立自己產品群的品牌形象，創造自己的市場定位。但實際上，顯然行銷並非如此容易，因為還有其他競爭者，我們必須超越他們，才能脫穎而出。

如果行銷是交換行為，如同公司與消費者，即可以近距離溝通、愉悅互動。公司進行行銷研究，傾聽消費者的聲音，就能傳遞產品與服務，取悅消費者。最好的行銷人員應嘗試瞭解消費者的期許：消費者喜歡什麼？需要什麼？我們在他們的生活中扮演什麼角色？本書將重新思考這些重要論述，所有行銷策略都源自上述問題。

以情境分析的角度，概述以下 5Cs 問題：

- 消費者：誰是我們的消費者？他們的輪廓是什麼？我們有不同消費者群嗎？
- 公司：我們的強劣勢為何？我們可提供消費者什麼利益？
- 環境：什麼產業的改變，可以增進未來商機？
- 合作者：我們可以強化企業夥伴，滿足我們的消費者需求嗎？
- 競爭者：誰是我們的主要競爭者？他們的主要市場策略與反擊是什麼？

以背景分析角度而言,經由 STP 思維策略行銷計劃:

◆ 市場區隔:消費者不盡相同,從喜好、需求與資源都有差異。
◆ 目標市場:鎖定最有把握的一群消費者。
◆ 市場定位:清楚將產品利益與我們選定之目標消費者溝通。

以消費者焦點,思考市場定位,以利行銷組合戰術執行:

◆ 產品:生產的產品是消費者需求嗎?
◆ 價格:定價是否具有競爭力?
◆ 通路:消費者偏好在哪裡選購產品?
◆ 推廣:消費者想知道什麼產品資訊?什麼產品資訊,可以誘發購買意願?

以上問題當然無法完全描繪市場的挑戰,別忘了消費者的偏好與競爭者動態隨時改變。改變消費原因是什麼?有些環境因素超乎組織的策略想像,如行銷長,如何妥善處置不同品牌印象的合併;再者,法令政策常因國情不同,而有所差異,唯有保持行銷計劃彈性調整空間,才能因應瞬息萬變的行銷環境。

如圖 1-3 所示,如果能夠掌握 5Cs 概念,就可以精準掌握 STP 任務,從市場區隔中,辨識潛在目標消費者之市場定位,完成行銷組合(4Ps)。因此,執行 5Cs、STP 和 4Ps,環環相扣。例如,產業上下游改變,是否會影響配銷通路?事業合作夥伴需求改變,是否會影響定價結構?公司拋售無法獲利的部門,是否會影響產品定位與消費者滿意?

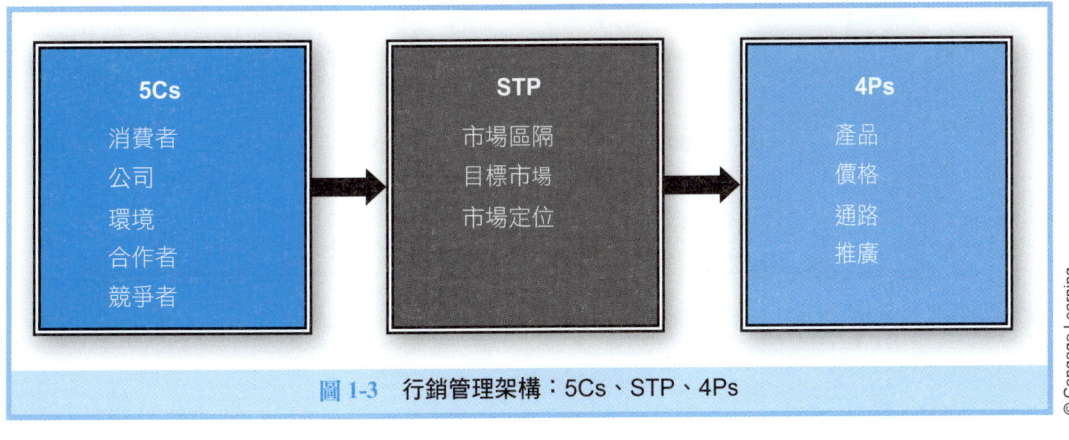

圖 1-3　行銷管理架構:5Cs、STP、4Ps

1-4a　本書概要

　　行銷就是設計一個讓消費者享受價格合理，產品利益溝通有效，方便購買取得的產品策略過程。本書以全球消費者觀點，說明國際化是所有大型企業早已面對的管理問題，即使小型企業亦因網際網路與企業成長需求，也必須面對網路議題無所不在，包含資料蒐集與消費者互動管道；同時，以全球企業公民角度思考行銷定位，並且瞭解網路對於現代商務運作影響力，全書嘗試佐以最新、最有趣的台灣產業行銷案例，代替老生常談的產業案例。

　　本書訓練讀者以行銷人員角色思考，瞭解好的行銷策略絕非直覺或憑空而來，而是依據人類心理、生活法則與組織經濟行為，並且傾聽市場聲音，進行有系統的邏輯思考，期許讀者學習以紮實的科學方法，思考未來變異不斷之行銷相關情境議題，獲得最適解決行銷策略！

1-4b　本書架構

　　本書的行銷架構具有兩項特色。一如傳統商管碩士或大學生經常從各處的片斷知識試圖去勾勒行銷的全貌。首先，本書利用圖 1-3，依照不同的行銷管理議題，逐一在各章節中討論行銷管理知識脈絡。其次，在每章結束前，再利用「行銷管理實務個案」概要統整該章論述，全書各章編排架構詳如圖 1-4。

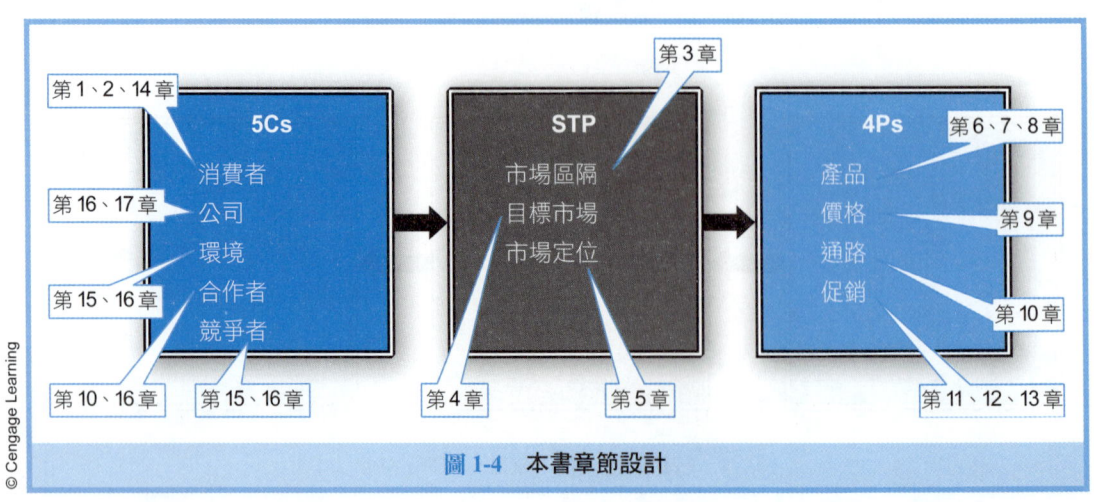

圖 1-4　本書章節設計

讀者經由重複學習 5Cs、STP 與 4Ps，將更熟悉行銷管理架構和相關行銷知識，透過 5Cs 評估行銷市場，藉由 STP 進行策略思考，繼而利用 4Ps 制定行銷策略與戰術，無論如何，讀者可以從中學得如何執行行銷策略和企劃。

1-4c 學習步驟

本書將以 What、Why 與 How 引出各章的學習重點，包括：

- 本章學習主題是什麼？
- 本章為什麼重要？
- 如何制定成功策略？

本書各章節將以此呈現教材內容，討論行銷相關議題，並於每章章末擷取台灣本土行銷個案，總結該章教材內容，且提供授課老師個案教學需求參考內容，若有個案教材需求，請洽財團法人商業發展研究院。

行銷同時可以使消費者更快樂、公司獲利更好，行銷不僅可以豐富你的職涯經驗，也可以讓世界更美好！

行銷管理實務個案討論

快遞運能與效能

J 公司高雄站營業主管又致電客服單位，請求協助通知消費者，貨件可能無法在約定的時間配達。客服單位又開始雞飛狗跳，兩個單位的主管在電話中口氣越來越火爆，客服主管掛上電話後，隨即向其主管要求增加人手，否則拒絕協助處理類似事件，盛怒之下服務業應有的態度已走樣，主管解決問題的能力也突然喪失……，看來似乎要徹底解決這個問題了！

（資料來源：財團法人商業發展研究院。）

問題討論

1. 在閱讀本章或是上課之前，你期待的行銷是什麼？與家人、同學或是同事分享一下彼此的想法。看看自己能否說服他們，如何透過行銷可以讓公司與客戶之間達到互利的交換。
2. 你喜歡什麼樣的品牌和公司？為什麼？你討厭什麼樣的品牌？為什麼？
3. 想想最近一次不愉快的購物經驗，你認為問題出在哪裡？如果換成是你來經營該公司，你會如何確保讓客戶感到快樂並且更為忠誠？
4. 列出三個你非常忠誠的品牌。列出三個你可能購買的產品，比較二者之間有何差異？
5. 你認為當今全球最大的社會問題為何？戰爭？地球暖化？資源不平衡？你如何透過行銷解決其中一項社會問題？

CHAPTER 2 消費者行為

本章大綱

I 購物三階段
II 購買型態
III 消費者行為的行銷科學

a. 感覺與認知
b. 學習記憶與情緒
c. 動機

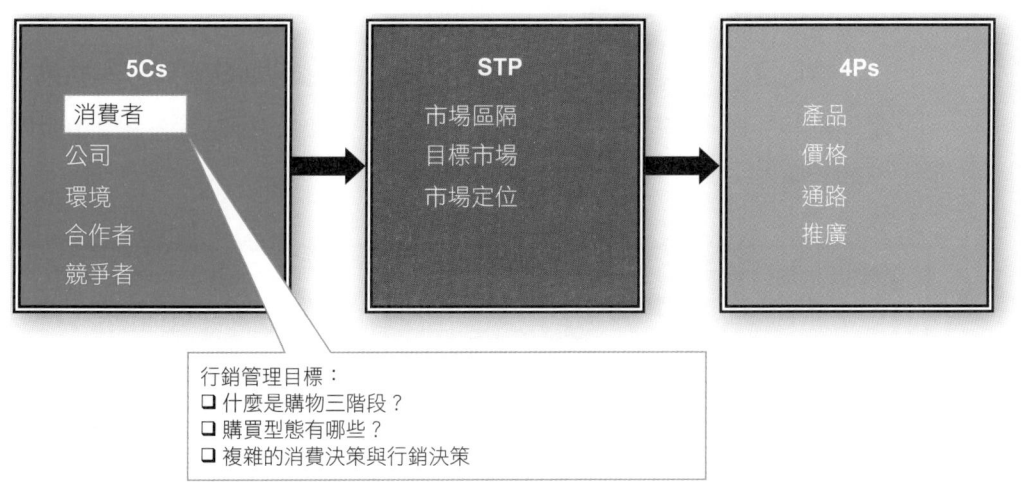

行銷管理架構

2-1 購物三階段

消費者購買商品，歷經數個決策步驟。在購買前階段，消費者確定缺乏需求或渴望，尚未被滿足。部分學者認為，消費者慾望是被行銷人員刺激（誘發）出來的，因此我們經常接收一些市場訊息，諸如：「你感受到新鮮空氣了嗎？」、「你有最酷的慢跑鞋嗎？」，或許消費者潛

在有著這樣的需求而不自知，在經由行銷人員技巧性的行銷話術後，喚醒消費需求，潛在買家開始搜尋適合的品牌產品。

舉例來說，一位將在陌生城市入學的企管碩士生有多重需求，包括新衣服、上學的通勤工具、租屋與家具、解決三餐問題，甚至牙醫診所、自助洗衣店等，他可能開始蒐集任何購買可能，包括經由網路搜尋或詢問親朋好友，有關商家選擇方案。接下來，開始評估這些可能方案，包含提供商家廣告訊息、促銷方案評估等相關分析，因此可能看起來外觀相似，但產品內容卻迥然不同。

在購買中階段，消費者自己排除拒絕的產品品牌，針對可能購買的產品，形成購買考慮組合（consideration set）。消費者可能因個人偏好，限縮購買需求，例如，車子購買只選購汽電混合車、租屋必須在特定的預算空間、到餐廳用餐必須有官網可以先參考菜單與用餐價位。什麼產品屬性是重要的？什麼是產品基本特色？什麼產品避之唯恐不及？什麼產品屬性無關緊要且無助於提高定價？

購買過程的最後階段，就是購後評估。買家評估購買過程與結果，產生相關問題，包括消費者滿意、重複購買、口碑行為等。圖 2-1 說明完整的過程。

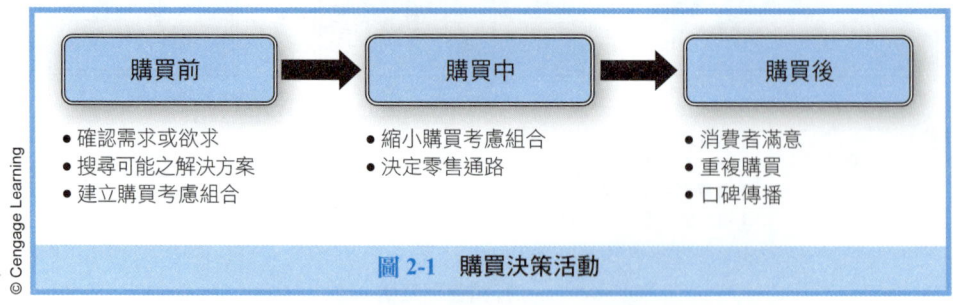

圖 2-1　購買決策活動

上述購買流程，無論買家是個人，還是組織，購買流程都相同，個人消費目的，就是為自己需求（不論自己用或他人用）或家庭需求；組織消費，則是代理組織採購角色。代理採購角色，可以是單純採購單位，亦可能由各部門代表，組成採購中心，不管是 B2C 或 B2B，所有的採購都得經歷上述三階段，差別在於各階段所花費的時間長短不同。典型的 B2B 採購中心角色，有購買發起者（initiator）、使用者（user）、採購者（buyer）、守門者（gatekeeper）。

2-2 購買型態

行銷人員區分數種不同購買類型，對於個人消費便利性商品類型，選購不需繁複思考，例如，生活基本需求或標準化經常性消費產品，如麵包、汽油，甚至衝動性購買的糖果或雜誌，可以在結帳櫃檯展售，方便取得；有些購買類型，需要一點思考與計劃，如出門旅遊前，利用旅遊資訊網站，找尋用餐餐廳；第三種特殊購買類型，如汽車或筆記型電腦，諸如此類的商品，偶爾購買，價格較高，購買行為伴隨較多思考。

對於 B2B 採購，購買標的不同，但想法相去不遠。直接重購是其中一種採購類型，如辦公室影印機碳粉用完了，辦公室主管直接購買慣用品牌。修正後重購是另一種可能採購方式，如影印機租約到期，老闆想要換不同供應廠商。第三種採購方式則是全新購買行為，如辦公室主管第一次考慮購買視訊會議設備，對於產品的相關特色需要進一步研究確認。

如圖 2-2 所示，以上購買類型的差異並不在產品本身，而是在於消費者購物意向，以及對品牌與產品類別涉入程度；舉例來說，選購機能飲料，可能隨手將慣用品牌放入購物車，也可能看到新的品牌而想嘗鮮試試，甚至可能有一高價品牌標榜含有抗氧化成分，吸引消費者購買前，仔細閱讀相關產品內容與功能標示。

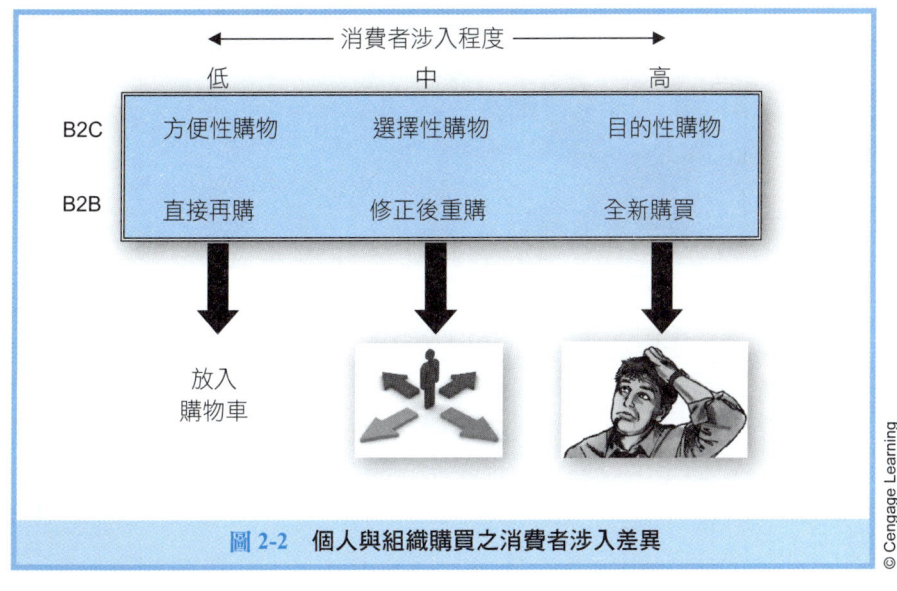

圖 2-2　個人與組織購買之消費者涉入差異

解構超市

© Cengage Learning

Ron Buskirk/Alamy

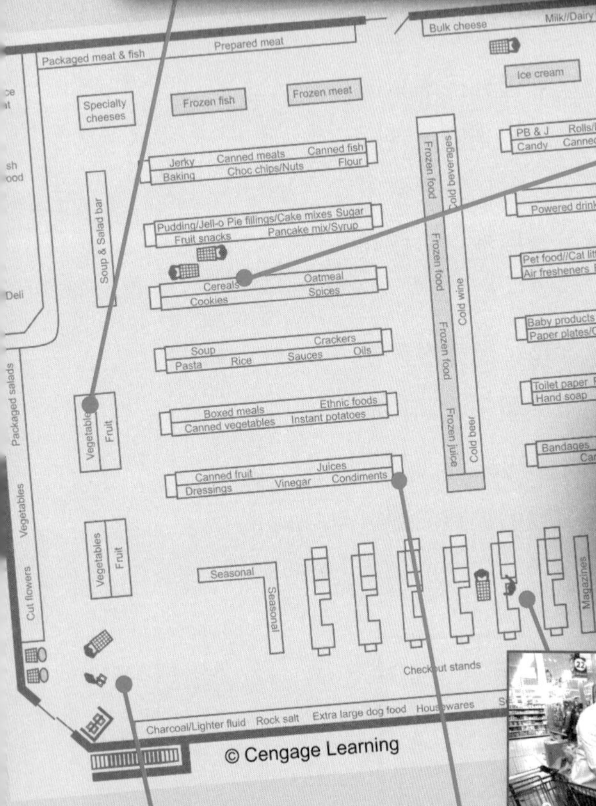

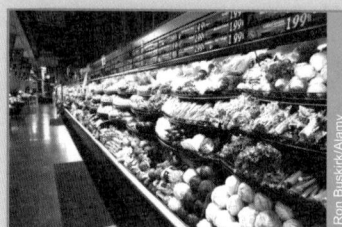

類似的品項放在鄰近的貨架，例如，水果和蔬菜。

© Richard B. Levine/Newscom

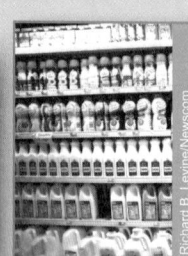

消費者經常購買的日常用品，例如牛奶，應該放在消費者走近該區之前，必須先走遍整間店面，藉此誘引產生其他衝動性購買。

© Richard B. Levine/Newscom

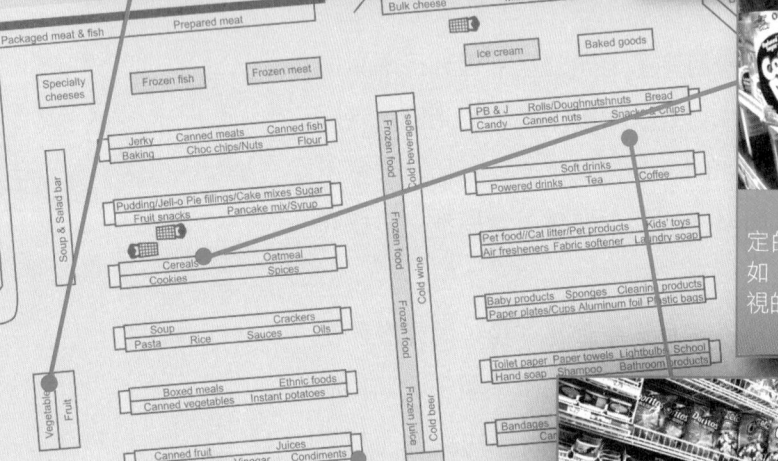

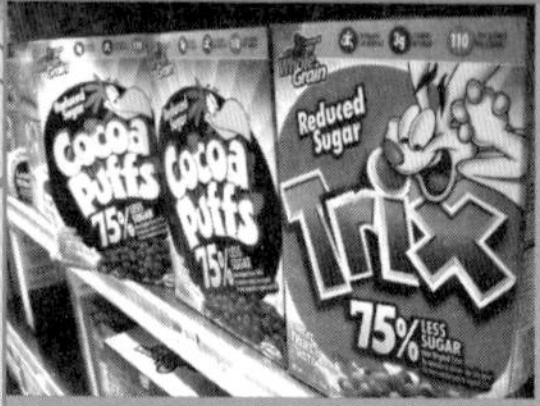

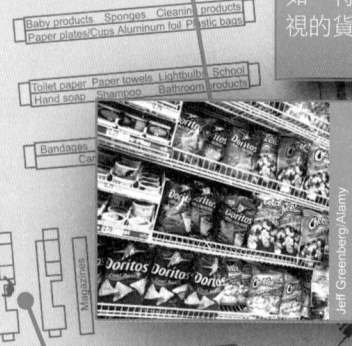

消費者的購物清單經常基於對於相關品牌的認知。因此，零售商應該將特定的產品品牌放在特定的貨架上，讓消費者可以輕易看到，例如，特定品牌應該放在小孩推車坐椅高度可視的貨架上。

Jeff Greenberg/Alamy

互補品要放在一起，例如，玉米片和沾醬。

© Karlheinz Schindler/dpa/Landov Media

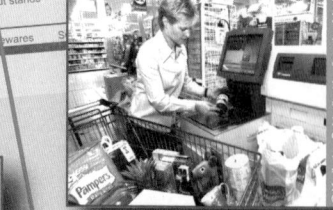

透過貴賓卡和條碼等結帳系統，充分掌握豐富的消費者資訊，包括他們如何進行消費決策。

店內空間佈局都是為了催化更多消費，從進門開始，不論選擇是推車或是提籃，推車通常是針對帶小孩的購物者，而對於行動不便者也有特殊的推車設計。

© David R. Frazier/DanitaDelimont.com"
Danita Delimont Photography/Newscom

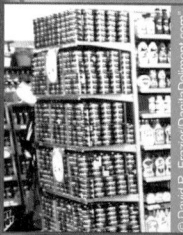

走道的最後，可以放些獲利更高的品項，例如，棉花糖、巧克力棒和零食餅乾等。研究顯示，消費者在走道最後比在走道中間，消費更會提高30%，他們總想知道最後還有什麼可以購買。

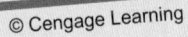

消費者選購便利性商品，近乎盲目。消費者不願花太多時間，考慮品牌或產品屬性，因為消費者並不是那麼在意購買結果。行銷人員針對這樣購買特性的挑戰，就是盡量提供品牌（產品）資訊，喚醒消費者，動搖根深柢固的消費行為。

對於消費者比較在意的商品，在購買之前，他們願意花時間與心力，以獲得較有價值的商品，對於特別或全新的購買，消費者展開程度較高的購買涉入，尋求理想中最好的品牌品質和價格。行銷人員針對這樣購買特性的挑戰，就是要說服這類消費者，自家的品牌就是最好的選擇。

在本書的其他章節中，將會介紹討論如何運用品牌的分類與目標市場區隔，採取適當的對應行銷活動，例如，低涉入的商品購買者對於價格稍感敏感，如果他們對購買標的很喜歡（最先進的筆記型電腦）、高品質（優質餐廳）或重要的商品（如為小孩選擇學校），他們可能會願意多付點價錢。

探究消費者忠誠制度，行銷人員應創造符合各種類型消費者的需要，如對於低涉入購買，以價格折扣吸引；對於高涉入產品或品牌，以品牌社群活動，進一步強化產品資訊與消費者關係連結。對於低涉入購買，一般而言，消費者滿意主動產生口碑意願不高；相反地，高涉入購買，若變成滿意的消費者或品牌追隨者，則可能成為品牌狂熱者或品牌宣傳大使。

探究通路或配銷意涵，對於低涉入產品，應廣泛鋪設通路，方便消費者取得；高涉入產品則需透過消費者活動推介商品。

最後，關於推廣意涵，對於低涉入產品，行銷人員應釐清市場雜音，加強消費者品牌注意，並在腦海中留下清楚記憶；對於高涉入產品，行銷人員須盡量提供大量產品資訊，滿足消費者需求。

所以，消費者如何學習品牌資訊並抉擇？以下將進一步討論消費者如何思考行銷管理？行銷策略如何影響消費者的購買決策？

2-3 消費者行為的行銷科學

行銷人員試圖瞭解消費者的需求，並提供適合的產品。消費者行為

有時可以簡單預測，但也有點複雜。確切地說，行銷人員經常感到訝異消費行為的複雜程度與預測其行為的挑戰。

氣候比行為決策相對簡單，包含一些構成要素，如風、水、灰塵微粒、地心引力、溫度，典型的氣候預測是「明天氣候與今天相似。」

考慮相對較多的因素，簡單牙膏購買消費者，比較正在銷售的品牌口味差異、美白效果或是否有折扣券等因素。以低涉入產品而言，通常以前的使用經驗可以預測下次購買意圖。

複雜的消費者心理，牽涉感覺認知、學習、記憶、情緒、激勵態度與決策行為，以上議題討論如下：

2-3a 感覺與認知

當行銷人員規劃產品定位或擴展知覺圖時，先假設經由消費者感受或認知他們周圍環境的複雜系統，我們每天面對一波波如浪般的感知，反覆刺激，我們選擇性注意，選擇考慮特定刺激，主觀而有效的隔離不必要的資訊。舉例來說，有購車需求的買家，會主動「留意」汽車電視廣告；相反地，無購車需求的買家，對於汽車電視廣告則往往視而不見。消費者涉入高者，將提升學習購物資訊動機，或注意相關廣告，消費者非常有效率地適應，環境巨量刺激物，幫助我們專注或排除不相關的訊息。

行銷人員可以利用不同感官，傳送產品資訊，對於行銷人員視覺刺激物顯然是重要的。廣告可以展示產品，產品設計說明產品資訊，影像描述嚮往的生活方式等，即使簡單的顏色結合，對於品牌辨識也不可或缺：

- 牙膏包裝，主要是白、藍色系，可以暗示新鮮、乾淨、水嫩等。
- 紅色常常代表無畏行為，適合新聞提供者，像 CNN、BBC 及 ESPN。
- Google 多樣化顏色的 logo，代表入口網站。

資訊搜尋的多樣化寬度；顏色也會傳遞文化意涵，在美國，新娘穿白色禮服代表純潔；在印度，紅色則傳遞純潔；在美國，紅色傳遞危險與熱情，如新娘穿紅色禮服是很不尋常的。藍色在比利時與荷蘭代表女

性氣質；在瑞典與美國則代表男性氣概。對於多國企業的全球品牌經理，選擇包裝或設計 logo 一直是個挑戰。

對於行銷人員來說，聽覺也是重要的。研究顯示，如果零售賣場播放有朝氣、快節奏的音樂，消費者會多購買一點。

汽車與機車狂熱者，知道製造商重視細節，如聲音，消費者願意支付這樣的產品差異。高檔本田 (Honda) 機車售價約 65 萬台幣，然而，哈雷 (Harley) 機車售價約 120 萬台幣。顯然地，兩者之間不只是聲音的差異，但如果哈雷機車發動，沒有了哈雷聲浪，就不會有近 50 萬台幣差異！相同地，保馳捷 (Porsche) 911 配備渦輪引擎，售價約 450 萬台幣，但法拉利 (Ferrari) 引擎，創造交響樂般的聲浪，售價約 750 萬台幣！聲音，不只是聲音！即使品牌名稱，聲音也可以影響消費者對於品牌的認知。

第三種感官是嗅覺。購物商場善於將麵包烘培坊與咖啡廳香味，散播於飲食街的每一角落；將新的試用香水、插頁雜誌，或將化妝品專櫃，設於百貨公司一樓；對於清潔用品，味道是很重要特色，因為使用在我們的居家生活，基於味道生物學，性別對於味道的感受不同，悍馬 (Hummer) 男性古龍水，聞起來像是具有男性賀爾蒙吸引力；伊麗莎白雅頓 (Elizabeth Arden) 女性香水 Splendor，廣告主張「閃耀愛的故事」與「極致羅曼史」。

第四種感官是味覺。行銷經典操作手法，就是遮掩品牌，進行品嚐測試，證明自己的產品超越市場領導品牌，這樣的測試效果引人注目，味覺吸引行銷人員興趣，因為味覺可以從產品本身區別品牌差異。

第五種感官是觸覺。行銷人員設計好的產品，透過觸覺，比較產品傳遞定位、產品價值，好的設計須符合人體工學，好的設計可能產品線條簡單、乾淨、漂亮，也可能是特定感覺經驗，像汽車選配皮革內裝，相對較便宜，較無觸感的替代材質。

最後，若不提及潛意識廣告，只是討論感覺與認知，無法完全拼湊消費者行為。潛意識廣告概念，就是廣告極短暫出現在電視節目或電影中，並未達到刺激閱感知門檻，因此稱為潛意識。視覺潛意識吸引行銷人員，希望這樣的影響會強迫行動（如買多一點爆米花）。印刷廣告，

圖 2-3　潛意識廣告

不是依靠短時間的展露，而是模稜兩可，例如，圖 2-3 芝加哥白襪隊（Chicago White Sox）的 logo，是拼成 Sox 或 Sex？部分研究，似乎想說明潛意識廣告是無效的。

2-3b　學習記憶與情緒

　　所有上述感覺與認知印象，都可能變成品牌聯想。消費者品牌聯想意即，消費者記憶中，儲存附屬於特定品牌的象徵或屬性，當訊息提及此品牌時，這些品牌聯想元素就會在腦海中浮現；相同地，若聽聞關於這些品牌聯想，消費者當下腦海中，即呈現此特定品牌。消費者學習意即，連結感覺與認知階段，進入短期記憶，並重複思考，最後進入長期記憶的過程，有兩個基本且廣泛運用的學習理論，行銷人員也應該瞭解。

　　第一個學習理論，即古典制約（classical conditioning）。本理論源自知名學者艾文‧巴夫洛夫（Ivan Pavlov），利用狗分泌唾液實驗，本學習過程步驟如下：

1. 置食物盆於狗前，自然而然誘使狗分泌口水。
2. 一開始搖動鈴聲，無法誘發任何狗的反應。
3. 搖動鈴聲，同時將食物盆置於狗前，誘發狗分泌口水。
4. 重複完成步驟 3，狗學習聯想鈴聲與食物關係。

　　當然消費者反應可能比狗更艱澀難懂。圖 2-4 就是一般我們認知的性訴求銷售，為什麼行銷人員會以此為訴求？如何操作？讓我們討論操

圖 2-4　古典制約之性暗示銷售

作程序如下：

1. 利用具有魅力（性感）人物（如模特兒），誘發消費者生心理反應。
2. 汽車香水等產品，無法誘發消費者生心理反應。
3. 將魅力人物（如模特兒）同時置入產品，一起出現誘發消費者生心理反應。
4. 重複出現數次之後，汽車香水等產品，聯想魅力（性感）人物，誘發消費者生心理反應。

雖然聽起來有點牽強，但確實是學習過程！思考其他較中性的刺激物，如圖 2-5 的品牌標誌如本田 (Honda)、謳歌 (Acura)、現代 (Hyundai)，這些抽象符號本身並無資訊意義，但其功能如同在 Pavlov 實驗中的鈴聲，這些符號一開始無法誘發消費者需求反應，但是經過消費者學習與聯想這些品牌或品牌印象的過程，就會產生消費行為反應。

另一種古典制約理論的有趣運用，即品牌廣告金句，不僅易記且朗朗上口，很難不聯想到品牌名稱：

◆ 你也喜歡成為 Pepper 天馬包靚女？
◆ State Farm 保險公司是您的最佳夥伴！
◆ 劈裡啪啦，Krispies 穀物片！
◆ 美國陸軍「盡己所能」

圖 2-5　古典制約之品牌標誌靈感

　　第二個學習理論，即操作制約（operant conditioning）。本理論源自聞名的斯金納箱（Skinner boxes）實驗。斯金納（B. F. Skinner）研究鴿子啄標靶或老鼠壓橫槓，便可獲得食物顆粒。實驗中的鴿子學習表現符合滿意的行為，可以獲得獎勵，這就是所謂正增強行為。

　　行銷人員如何利用這樣的研究結果？如咖啡店消費者忠誠方案，只要消費者使用會員卡消費，每十次就贈送一次免費，如果行銷人員欲提升消費者購買頻率，增加銷售量，就可以改變比率增強方案，買越多送越多。

　　消費者情緒幫助行銷人員更瞭解如何調節消費者行為，如消費者滿意或不滿意。再者，不同情境會誘發消費者不同情緒反應。

2-3c 動機

圖 2-6 說明，心理學家亞伯拉罕·馬斯洛（Abraham Maslow）的需求層級。消費者先購買生活基本需求的食物後，再考慮購買好看的衣服，一旦基本需求滿足了，消費者轉而較抽象的需求動機，像關於人性的愛、自尊、社會地位，三角錐最頂點是自我實現。

行銷人員利用馬斯洛需求層級，定義自己產品歸屬於何層級需求，產品特色定位，以層級需求為訴求說服力，如富豪（Volvo）汽車銷售，以安全為訴求。消費者同時認知，最昂貴的商品具有一定品質水準，對於擁有風險規避的消費者，傾向選擇好品牌形象的商品。一般消費者滿足最基本需求後，就會尋求安全或更高階層的需求。從產品行銷與消費者角度而言，行銷人員應利用廣告等產品資訊，觸動消費者在各層級的原始需求動機。

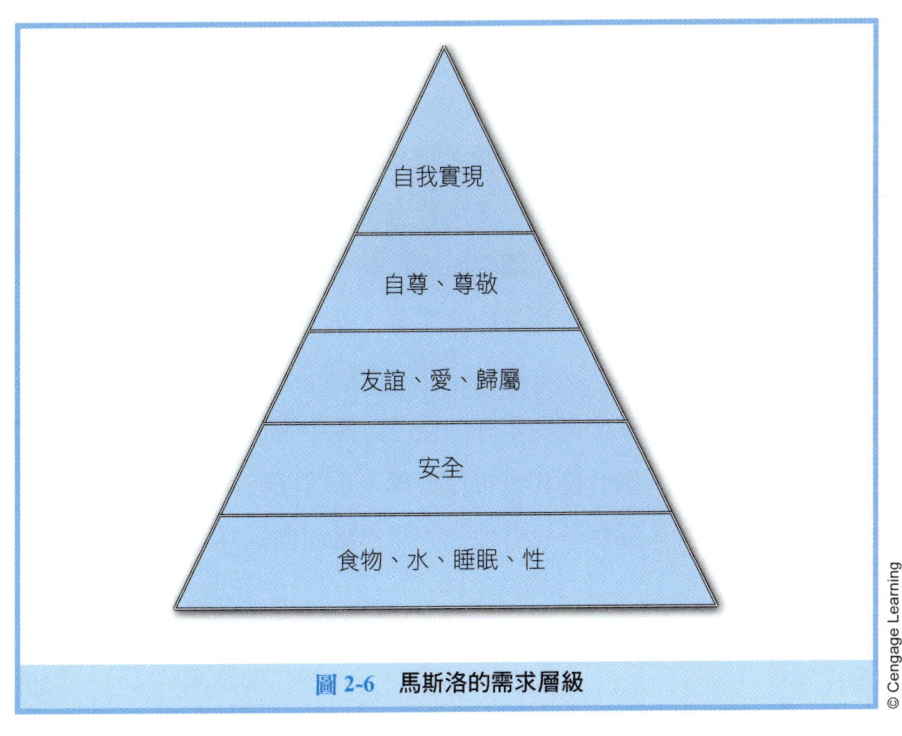

圖 2-6　馬斯洛的需求層級

行銷管理實務個案討論

晶華的一千零一夜——故事行銷策略

　　本個案主要闡述故事行銷具有三原則。首先，具有「爆點」，引人入勝，立即帶來衝擊性感受；其次，「切點」可引領聽者切入故事核心，使其陶醉於故事情節；最後，呈現故事敘述者的價值觀與態度，讓聽者領悟該故事的真諦，即是具有「放點」。透過故事，傳遞品牌訊息給消費者，試圖打動消費者，並以故事型態的新聞稿成功與媒體及消費者溝通。

（資料來源：財團法人商業發展研究院。）

問題討論

1. 如果消費者感到行銷刺激過度泛濫，行銷人員應該如何面對？
2. 利用古典制約和操作制約理論，為非營利或政治候選人設計一套行銷方案。
3. 廣告應該訴求什麼，可以讓消費者將品牌納入非補償性的購買組合決策？廣告應該訴求什麼，可以讓消費者將品牌納入最後的購買選擇？
4. 進行一次口味的盲眼測試。讓受試者比較一下百事可樂與可口可樂、瓶裝水與自來水、奢華葡萄酒與盒裝酒。同時也留意一下受試者的產品知識和驚喜程度。
5. 在團隊中，彼此觀察如何在眾多的產品分類中進行選擇，包括軟性飲料、早餐穀物、手機計劃和汽車模型等。不管任何人納入或是丟棄任何產品或是品牌，都試著思考他們的訊息處理模式為何？

CHAPTER 3 市場區隔

本章大綱

I　為什麼要區隔市場？
II　什麼是市場區隔？
III　市場區隔變數？
　　a. 人口統計變數
　　b. 地理統計變數
　　c. 心理變數
　　d. 行為變數
　　e. 組織市場
　　f. 區隔方法
IV　如何區隔市場？
　　a. 如何評估市場區隔設計？

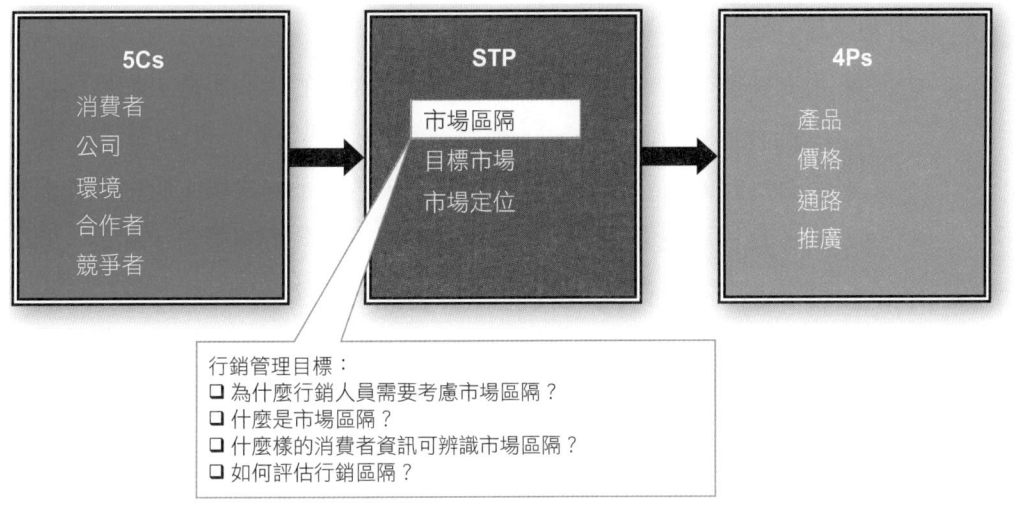

行銷管理架構

3-1　為什麼要區隔市場？

在我們與死黨好友看完一部電影後，當我們再次談論電影情節時，大家的反應是如何？大家對於片中情境、背景音樂、男女主角表現與電影製作技巧，都有一致的感受嗎？或許並不相同。即便是同好好友，品

味與意見都可能有所差異,箇中差異不意謂對或錯的價值判斷,換句話說,只是個人喜好與態度不同。

　　心理學家的觀點,則認為因為動機不同。回想第 2 章所討論的馬斯洛的生物需求層級,消費者經由消費商品,滿足各層級需求,舉例來說,價格知覺消費者在購買商品時,以實用價值為主要購買決策要素;然而,若消費者重視社交(會)需求,則較忽略價格因素。

　　經濟學家認為,消費市場是**不完全競爭(imperfect competition)**,也就是說消費者的需求與慾望不同。整體來說,市場中消費者是異質的。消費者差異來自於個別的認知與偏好,造就不同產品,可以滿足不同消費族群(區隔)需求。因此,企業從市場中區隔成同質需求市場,進而創造更貼近消費者真實需求。

　　行銷人員利用市場區隔概念,管理不同消費者,針對如此市場現象,企業可能創造新產品、延伸產品線、啟動價格策略,無論如何,想要滿足所有消費者的行銷策略,是吃力不討好的,例如:

- 沒有一個產品,可以同時滿足高品質要求的消費族群,與價格敏感的低價訴求消費族群。
- 沒有足夠的廣告預算,就不能刊登於各種不同媒體,吸引不同消費者。為了達到溝通效率,需要創造多少不同版本廣告,滿足不同閱聽眾。
- 沒有一個品牌形象,可以同時吸引一般大眾、與重視流行趨勢或強調個人主義的消費者。以上市場現象都是矛盾,無法同時滿足。

效率導向公司或聰明的行銷人員,從不同消費族群中嘗試篩選出特定消費區隔,提供最擅長的產品服務,代替以往所有消費者訴求。

3-2　什麼是市場區隔?

　　所謂**市場區隔(market segment)**,是指一群有相同產品偏好的消費者。市場區隔概念,介於大眾行銷與一對一行銷之間(如圖 3-1)。

　　大眾行銷(mass marketing),意即視所有消費者需求相同——無差異行銷。此方法因為簡化市場環境;換句話說,只要提供市場單一產品,

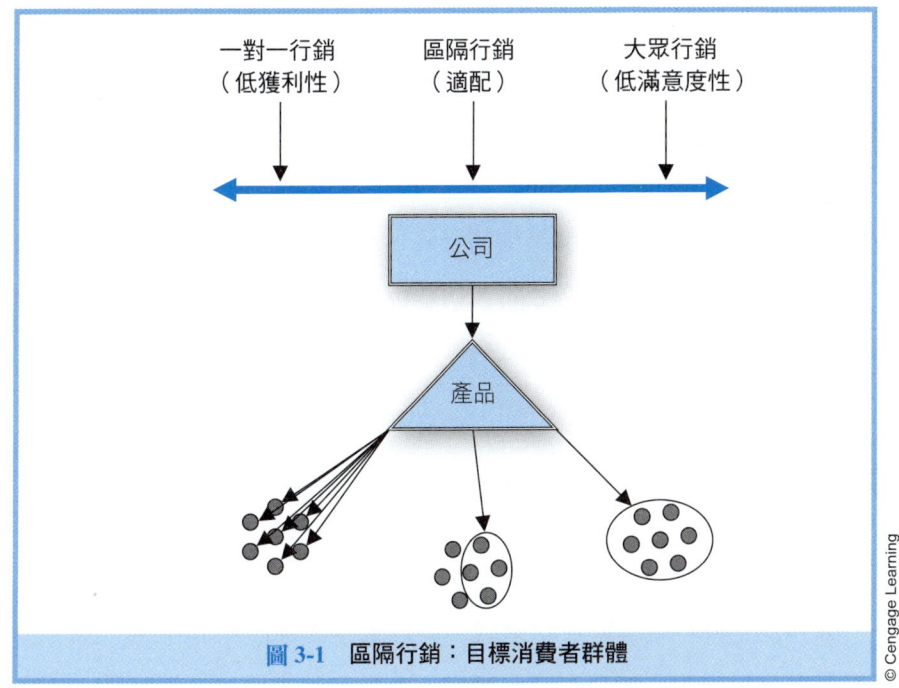

圖 3-1　區隔行銷：目標消費者群體

乍聽之下很有市場吸引力，但卻不切實際，因為消費者有異質性。舉一個簡單大眾化行銷商品例子，食用穀物粉有一般麵粉、未漂白麵粉、全麥麵粉、糙米粉、蕎麥粉、有機黃豆粉、燕麥粉、發酵麵粉……等不同的穀物麵粉，分別滿足不同使用麵粉功能，區隔需求。

另一個極端例子是**一對一行銷**（one-to-one marketing），意即每一消費者單獨視為單一市場區隔，這個方法聽起來合理，由消費者觀點而來，因為產品都針對每一位消費者特殊需求量身打造。有電腦與汽車製造商，嘗試讓消費者設計他們自己的款式，這些公司真的提供一對一量身打造產品嗎？並不是完全如此！戴爾（Dell）官網就提供這樣的服務，消費者可以從有限的產品特色屬性中挑選自己的偏好，這樣就可以達到一對一行銷。

介於上述兩種極端市場概念，就是**市場區隔**（segmentation）。市場包含數個市場區隔，不是每一個區隔都適合公司品牌，因此目標市場與市場定位，是行銷重要討論議題。

不同於大眾與一對一市場的例子，當區隔越大時，差異也就越大，想要提供相同產品，滿足同一區隔消費者就越困難（這種現象與大眾市

場相同），市場區隔越小，消費者的喜惡越容易掌握，但區隔太小，無法產生獲利（這種現象與一對一市場相同），因此行銷人員最重要的功課，就是瞭解如何發現，最佳可以服務的區隔市場。

利基行銷（niche marketing）是一種市場區隔公司策略，聚焦鎖定特定需求的較小市場，提供專精的服務。以圖 3-1 為例，利基行銷介於一對一行銷與區隔市場策略之間，利基市場雖小，但往往帶來可觀的利潤。

3-3 市場區隔變數

3-3a 人口統計變數

圖 3-2 說明各種市場資訊變數，可用來定義區隔不同市場。部分消費者屬性容易辨認，如公司產品類別、刮鬍刀、維他命、慢跑鞋、電視頻道，以性別區分男士與女士；有時候，分類產品不同，如男士四刀片刮鬍刀 vs. 除毛刮刀，適合女士易於手握，清除敏感區域；有時候，公司會選擇只聚焦服務男性或女性市場。

個人市場	組織市場
• 人口變數：（例如：年齡、性別、所得、教育、家戶生命週期、小孩人數、婚姻狀況等） • 地理區位：〔例如：國家地區（東北或南加州）氣候、市場規模〕 • 行為：〔例如：媒體（雜誌、有線電視、電影）、忠誠度、購買頻率、合購類型〕 • 態度：〔例如：知覺、涉入、價格敏感度、風險容忍、便利性、聲望、特徵（外向）品牌屬性（優質）〕	• 人口變數（例如：公司規模、行業類別、市場規模） • 地理區位（例如：國家、銷售人員覆蓋力） • 營業類型〔例如：政府公共採購招標、保守、金額大慢付款）零售商（強調美學）製造商（強調效率）〕 • 態度（例如：價格敏感度、風險容忍、企業文化、獲利性、客戶維持狀況）

圖 3-2　個人市場與組織市場區隔方法

其他容易辨識的消費者人口統計變數，包括年齡（age）、家戶人員結構（household composition）、生命週期階段（stage in the life cycle）。反映在消費行為上，例如：

- 年輕人更有興趣在音樂相關產品，勝於嬰兒尿片商品。
- 年輕夫妻有家具與假期旅遊商品需求。
- 家庭有財務規劃需求，以便將來提供小孩未來教育基金。
- 空巢期夫婦運用不穩定收入於旅遊與生活嗜好。
- 老年夫婦健康照護與慈善捐款。

大量戰後嬰兒潮人口吸引企業注意，並提供他們需求的產品服務。另外，兩項人口統計變數也常用來區隔市場：教育（education）與所得收入（income）。教育背景變數，可以精準分析消費者偏好；所得收入，則可協助確定消費選擇。「時間就是金錢」是老生常談！許多高所得收入的家庭，因為忙於其他事情，需要聘僱更多的勞動服務者，完成小孩保母照護、庭院草皮整修等日常生活工作，這就是對於時間缺乏與渴望需求。

族群變數重要性，可以從美國這樣多種族融合國家來體會。在美國，非裔與拉丁裔美國人都約 4,000 萬人口，而亞裔美國人約 1,200 萬，任何一族裔規模，都足以影響市場。

利用人口統計變數區隔市場，優點就是清楚容易辨識，但有時會受既有印象簡化，如不同性別朋友，在衣著、購車、飲食等行為，有所差異。相似地，若依成見判斷，老年消費者不習慣使用網際網路，但仍有許多老年人口，非常善於使用網路。因此，如何使用不同市場區隔變數，交叉分析，確認市場，是行銷人員現今可以努力的功課。

3-3b 地理統計變數

地理區域不同，消費者亦慣常區分不同區隔市場，以美國為例，如在西南部銷售辣味沙拉，可能要比美國東北部辣多了；都會區（urban）消費者生活，對於娛樂的需求高於小鎮消費者生活型態；氣候（climate）亦影響消費，清雪車在北部銷售業績一定優於南部。

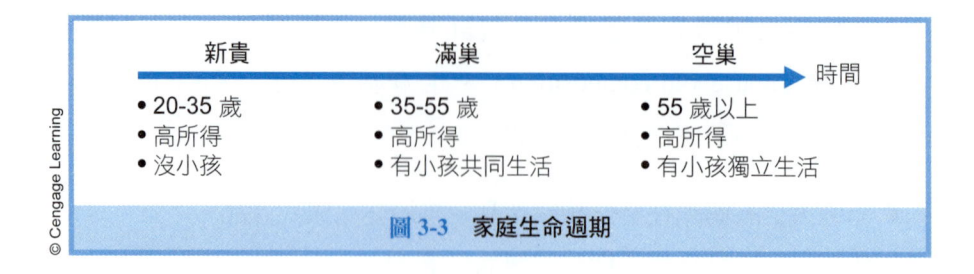

```
                新貴              滿巢              空巢
                                                           → 時間
            • 20-35 歲       • 35-55 歲       • 55 歲以上
            • 高所得         • 高所得         • 高所得
            • 沒小孩         • 有小孩共同生活  • 有小孩獨立生活
```

圖 3-3　家庭生命週期

若市場區隔方案，將地理統計變數與人口統計變數結合考慮，就可以更精準分析消費特性。研究發現，住在美國紐約（地理變數），擁有企管碩士學位（人口變數）的消費者，與住在英國倫敦、巴西聖保羅擁有企管碩士學位的消費者行為，會比和他們鄰居（教育程度較低或較不富有）的相似度更高，如圖 3-3 所示。

3-3c　心理變數

令行銷人員最傷腦筋、想瞭解的，不外乎消費者心理，怎麼想這些問題：要什麼？有可能被說服購買我們的品牌嗎？我們的品牌可以改變得更符合消費者的興趣嗎？

心理特質，顯現外在差異，在於對於行銷議題與品牌的適合偏好，如：外向與內向的人，不同於購買鮮豔顏色衣服或參加晚宴與讀書會。然而，可能在寵物的喜好、餐廳的選擇或投資有相同偏好，如果我們瞭解目標消費者的消費偏好，是忘情於閱讀、運動迷、紅酒迷或其他生活喜好，我們就越容易誘發他們的購買需求。

Vals 是一種使用心理變數資料區隔市場。Vals 認為消費者的態度與價值系統，會導引購買產品項目與品牌，所以行銷經理針對目標消費者，瞭解他們的價值觀與如何進行有效溝通。

消費者自然地存在不同態度。在行銷導向，消費者差異在對購買標的物的涉入程度，當消費者被認定是產品專家，或深入涉入願意分享，或提供購物建議時，也被視為意見領袖或創新者，甚至可能是口碑傳遞者，有些消費者是屬於早期使用者（early adopters），持續關心產品發展與尋找新產品；其他消費者是較少關注產品或較高的風險規避，因此等其他人士用過商品後才會考慮購買。

瞭解消費者的生活活動偏好，有助於觀察消費者的消費偏好，同時，可以協助新產品推廣時，確立潛在消費區隔或誘發潛意識消費需求，例如，選購指南參考書的消費者，對於渴望相關知識書籍的需求一定高於其他消費者；換句話說，一個註冊訓練課程的網球新手，也會開始注意網球設備用品品牌資訊，名人代言效益之一就是促使大眾效仿名人風采，如髮型或太陽眼鏡。

3-3d　行為變數

行銷人員欲瞭解深藏於消費者態度、心理與生活型態之後的行為動機；食物零售業者則會掃描資料，提供消費者真實需求。一般來說，實證更勝於消費者的口頭表述。

觀察消費行為習慣，對於預測消費者行為是一項重要參考資料，雖然消費者態度無法直接觀察得知，但我們可以從行為證據來推論行為者態度與心理狀態。

3-3e　組織市場

針對組織市場（B2B），行銷人員經常以市場大小區分。市場大小定義，可以是銷售額、市場佔有率、員工人數銷售佔比等標準，對於互動不同大小消費者有不同行銷計劃，因為大消費者可能影響公司主要獲利，所以指派較多客服人員，或增加更多資源，維繫消費者關係。然而，目前市場大小標準，無法完全掌握未來成長潛力，甚或高效率消費者維繫成本。

區隔組織消費市場與個人消費市場，主要差異在於不同資料來源。個人消費消費者數，遠大於組織消費消費者；組織消費消費者，不僅在乎產品的專業知識分享，更依賴人員銷售。因此，前線銷售人員的專業知識，有助於優化消費者互動。

3-3f　區隔方法

本書第 15 章將說明人口統計變數、地理統計變數、心理變數或組

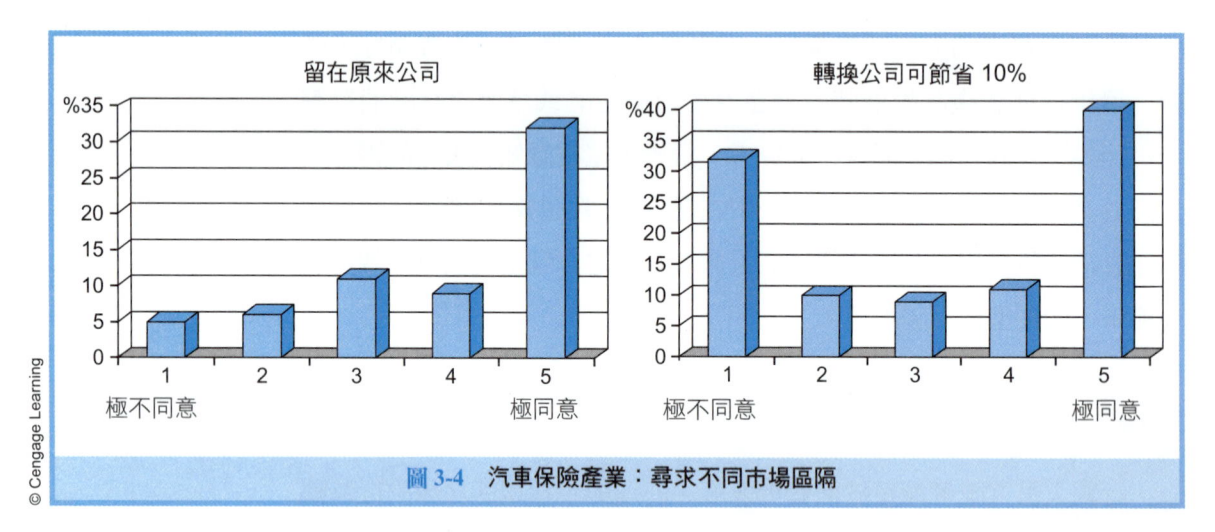

圖 3-4 汽車保險產業：尋求不同市場區隔

織市場等變數，如何利用集群分析等技術，區隔不同市場，本節以汽車保險產業為例（見圖 3-4），因為市場廣泛且競爭，因此保險業者希望從不同市場區隔中，得到相對競爭優勢。

公司須針對消費者進行問卷調查，瞭解消費者背景不同、需求偏好不同，交叉比對，區分同質性消費者，以利執行針對性行銷策略。

3-4 如何區隔市場？

最好的市場區隔方法，即重複精進，由上而下的市場觀念建立，貫徹與由下而上的消費者需求評估。行銷人員針對消費者、競爭者與公司自我市場優勢，蒐集市場資訊，以便瞭解消費者觀點。

3-4a 如何評估市場區隔設計？

要如何知道什麼才是好的市場區隔？以下五點提供思考：

消費者資料辨認市場區隔：聰穎的行銷人員固然重要，優質的消費者資料更決定行銷決策品質，例如，普查資料可以取得，但卻不夠精確，特定的群體更不利於專注特定市場；部分的市調商業資料，有可能成本過高，對於大公司也許預算無虞，但對於小公司可能就有財務壓力。

消費者資料庫可取得性：對於選定之消費者區隔，是否能直接或間接取得行銷接觸資料。舉例來說，若欲針對台北都會區，目標區隔消費者，進行市場溝通，可否取得目標消費者聯絡資料？或可否利用捷運雜誌，間接與搭乘捷運的上述目標消費者接觸？

解構市場區隔

嚼一口：75%的美國人吃過士力架（Snickers）巧克力棒

再嚼一口：8%的市場佔有率，位居市場第一

再大口嚼：其中有半數是被年輕人吃掉，目標市場2500萬人

儘管也能擴大廣告目標對象，不過若能聚焦於 8.3%的消費群，並讓他們消費其中 50%的巧克力棒，上述市場區隔資訊就能發揮效益。

Ian Dagnall/Alamy

區隔市場獲利性：大多數的行銷人員在討論市場區隔時，多關注市場大小，但更重要的議題應是區隔市場的獲利性。區隔市場大小，只是多少消費者問題，但獲利性才是聰明行銷人員應該關注的。針對市場獲利性，可經由討論下列問題，更清楚瞭解：消費者購買頻率？消費者購買量？市場消費者是否具有價格敏感？市場是否具有成長性？消費人數多少與獲利，經常息息相關，但有時候小眾市場卻有高獲利，例如：利基市場。

與公司市場目標相稱：若公司慣常經營低價市場，對於高價市場需要更多的市場溝通，且不容易影響消費者既有的印象，甚至與公司原有的競爭優勢，無法遞延。

市場區隔可操作性：許多市場區隔失敗的原因，就是使用不當的區隔標準，影響後續行銷策略而無法對症下藥，即無法達到預期市場效果。舉例來說，消費者的心理輪廓涵蓋其生理層次與心理層次之需求與動機，都是欲瞭解消費者非常重要線索，可以修正市場行銷策略。因此，如果一開始市場區隔變數不當，即無法清楚正確描繪目標消費者，無法瞭解其消費行為，也就無法正確擬定行銷策略，甚至交叉分析不同變數（年紀、性別、生活型態）形塑目標消費者。

　　總結，圖 3-5 指出市場存在不同區隔。圖 3-6 代表公司推出一個產品滿足一個以上的市場區隔。圖 3-7 代表選擇於單一區隔市場深化行銷，提供不同商品單一區隔市場需求。圖 3-8 指出，客製化，提供不同產品滿足不同市場區隔。採取上述何種市場區隔策略，取決於個別公司的優缺點，與當下的市場環境。

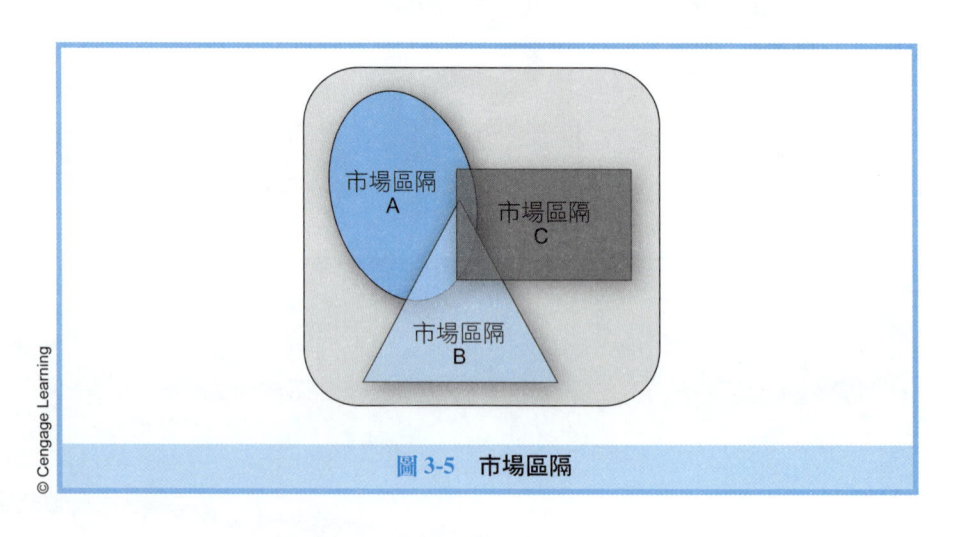

圖 3-5　市場區隔

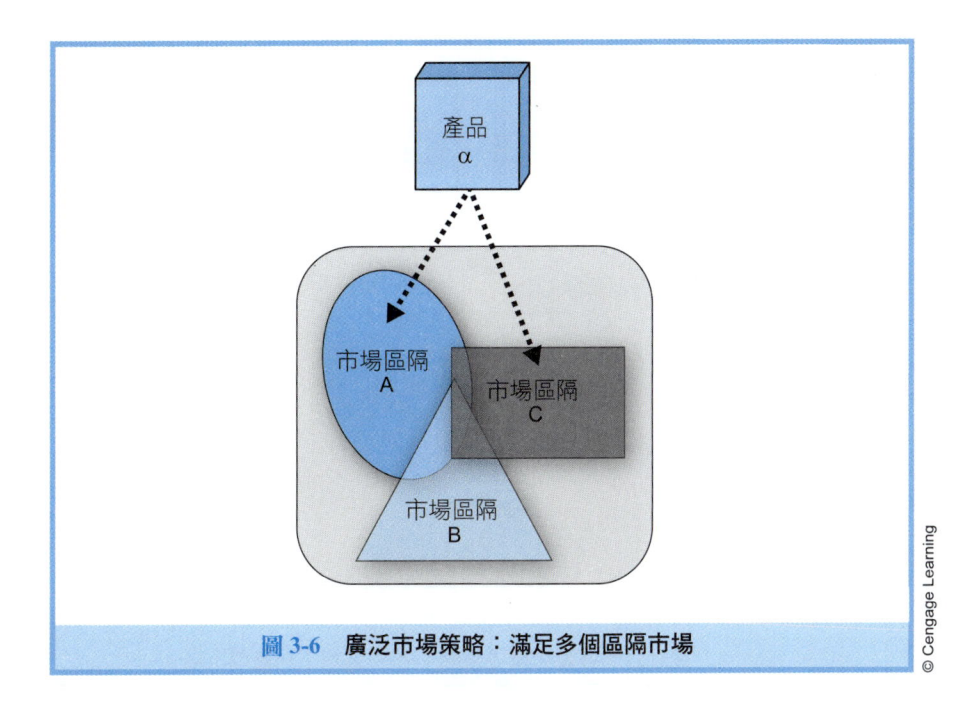

圖 3-6　廣泛市場策略：滿足多個區隔市場

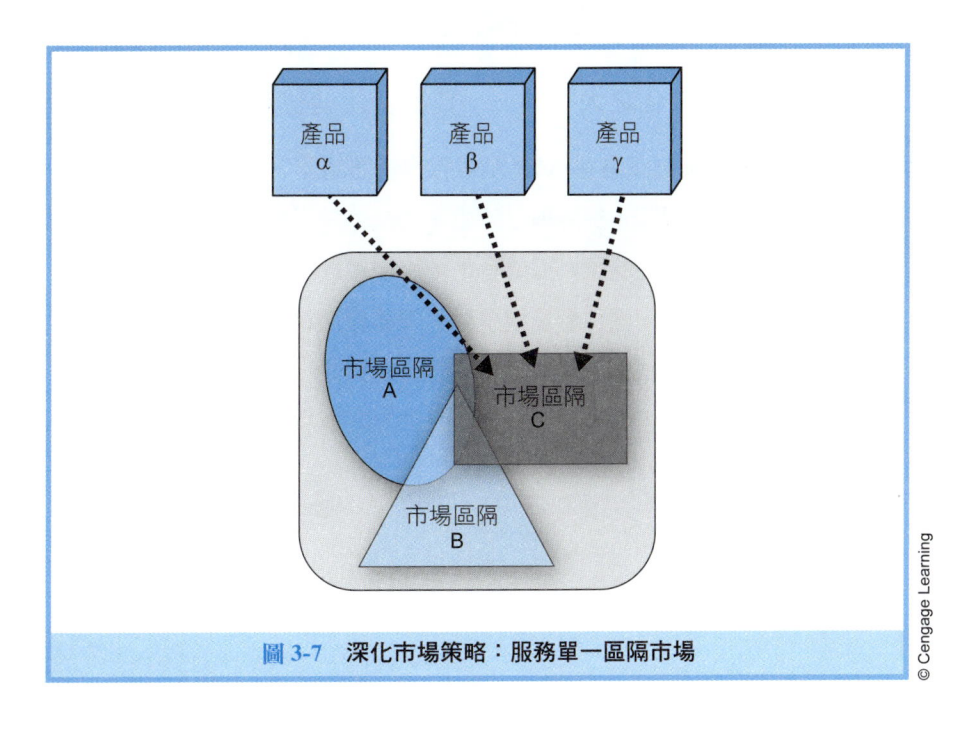

圖 3-7　深化市場策略：服務單一區隔市場

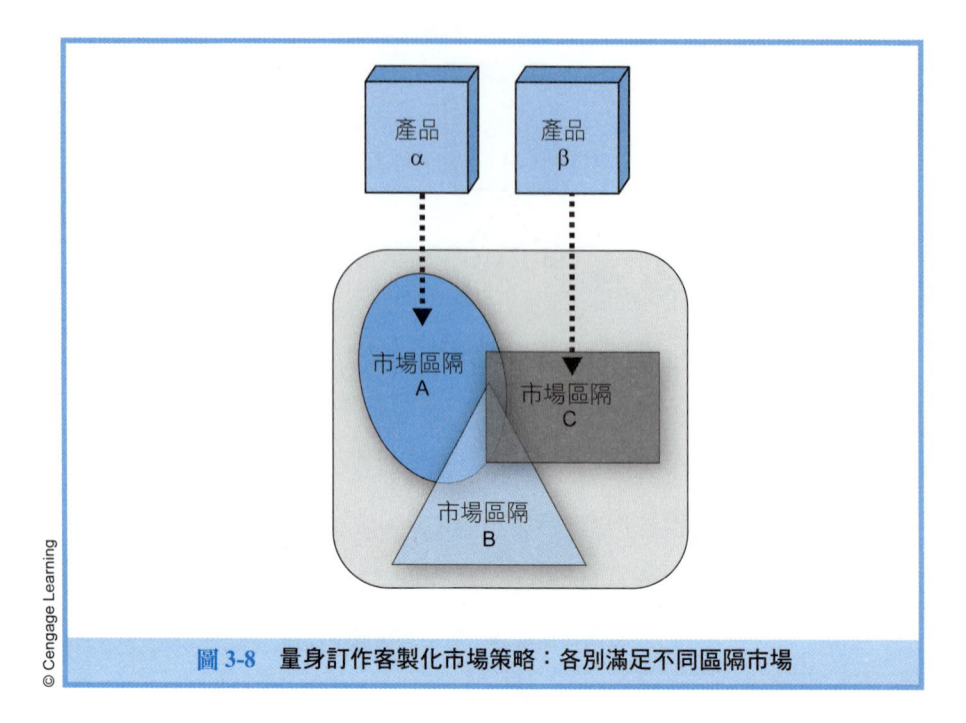

圖 3-8 量身訂作客製化市場策略：各別滿足不同區隔市場

行銷管理實務個案討論

文化之大不同──餐廳營運調整

徐經理是 H 集團派駐在 A 國 A 飯店的營運總監，在面臨中餐廳虧損，營運不佳的情況下，徐經理必須思考的是，是否要留住飯店的特色──中餐廳，設法轉虧為盈，抑或者是結束中餐廳的營業。在考量飯店內資源、文化環境、商圈位置及競爭對手等種種限制條件後，個案中對於各種解決中餐廳營運問題的方案提供豐富的資訊，可作為決策的客觀依據，徐經理應如何選擇適合 A 飯店中餐廳的方案為其重要課題。

（資料來源：財團法人商業發展研究院。）

問題討論

1. 你有一個企業家好友，她成功地釀製了一款非常棒的葡萄酒，並且肯定所有人都會喜歡這項新產品，因此她認為根本沒有市場區隔的必要。你要如何說服她並且協助她展開事業？
2. 針對市立海生館行銷，你可以採取什麼樣的變數來區隔遊客？
3. 針對市立公園行銷，你可以取得什麼樣的資訊來區隔遊客，是依據星期幾或是不同時段？你會期望可以發現些什麼？
4. 針對下列不同的單位，你心目中理想的目標捐款者分別是誰？
   A. 美國癌症協會？
   B. 你的母校？
   C. 世界賑濟基金？

CHAPTER 4 目標市場

本章大綱

I 目標市場的重要性
II 如何選擇目標市場？
　a. 獲利性與策略對應
　b. 競爭比較
III 市場規模
　a. 市場大小評估

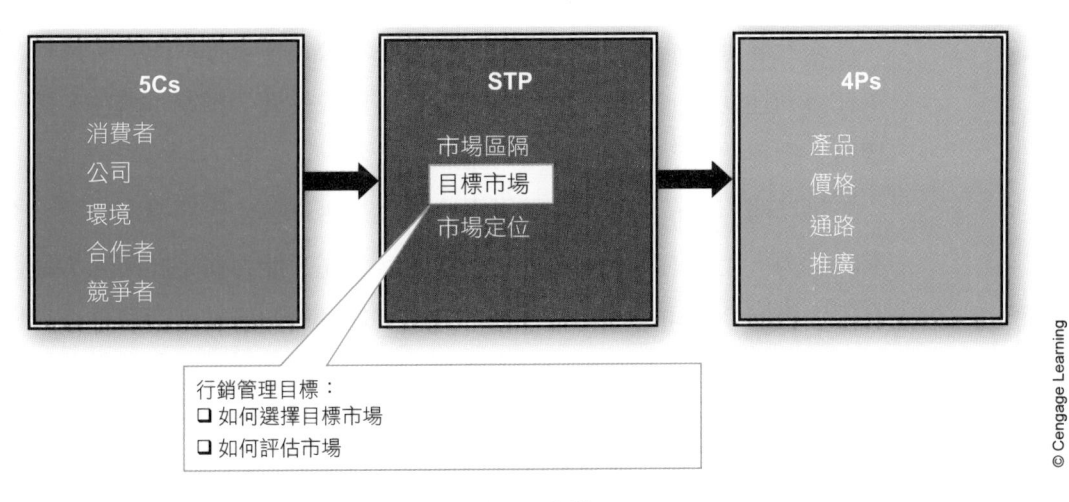

5Cs	STP	4Ps
消費者 公司 環境 合作者 競爭者	市場區隔 目標市場 市場定位	產品 價格 通路 推廣

行銷管理目標：
❏ 如何選擇目標市場
❏ 如何評估市場

行銷管理架構

4-1 目標市場的重要性

利用消費者變數定義市場區隔，不僅重要，且有利於瞭解消費特性與媒體選擇。因此，目標消費者是制定行銷策略極重要的過程。

目標消費者就是一種篩選過程，我們經由分析市場現況、競爭者，還有企業本身內部優勢，並且思考經營特定市場比其他競爭者更有優

勢。企業嘗試以企業優勢提供服務給此特定市場需求之消費者，讓他們更快樂、更忠誠；反之，要創造公司獲利優勢，此問題的思考核心就是目標消費者：消費者在哪裡──哪些市場區隔的消費者，才是我們努力的對象？

4-2 如何選擇目標市場？

選擇目標市場，是策略行銷重要階段。評估有吸引力的市場區隔，兩項重要觀點，就是該區隔是否具有潛力與市場重要性。本章重述由上而下的公司策略，以及由下而上的市場資料蒐集，討論區隔市場大小與獲利性。

4-2a 獲利性與策略對應

第一個市場區隔討論議題是，是否能為公司帶來獲利或如何獲利？潛在獲利性就是，包含目前市場規模、預期成長性、預期（潛在）競爭環境，還有消費者消費行為與對產品期望。

第二個市場區隔討論議題則是，我們是否瞭解自己獨特市場競爭優勢（能力）：此市場適合公司經營策略？公司有能力滿足此市場？是否有退場機制？公司的優勢是什麼？公司有什麼資源優勢？公司是否有經營經驗可供複製？公司文化為何？公司目前的品牌個性為何？基於上述指標問題，推論公司是否可以在此特定市場區隔表現最好？

圖 4-1 勾勒經營區隔市場的可能性。左上方象限，表示一個有吸引力的區隔市場，且與公司獨特能力符合，因此公司應「全力以赴」。

右下方象限，表示如果一個區隔市場，看起來不可為，且自然而然，不適合公司發展，我們就應該「敬而遠之」。

在矩陣中，上述兩個象限似乎是容易理解抉擇；需要仔細斟酌思考的是，較複雜的其他兩個象限。

在左下方象限，思考情境市場區隔，似乎有存在「機會」，但公司獨特能力並不特別適合發揮（例如，電玩遊戲是一個有利潤的市場，但不見得適合專注生產隨身碟的公司參與）。關鍵問題是，我們可以發展

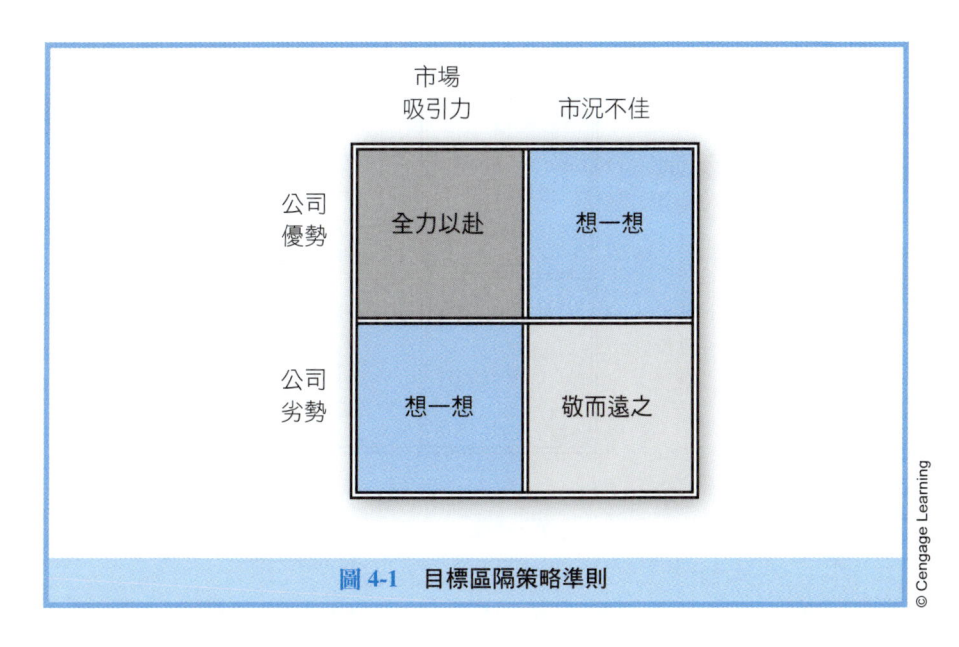

	市場吸引力	市況不佳
公司優勢	全力以赴	想一想
公司劣勢	想一想	敬而遠之

圖 4-1　目標區隔策略準則

出足夠的競爭能力嗎？如果決定選擇這樣的市場，可能表示需要可觀的資源投入（包括時間與金錢），當然投資多寡，完全端視需要新產業技術能力，與目前公司既有的產業專業差別有多大，企業可能願意從事這樣市場差異化經營，特別是當區隔市場肯定成長。

最後右上方象限，是另一個兩難的思考情境；假如市況不佳，但公司擁有發展此市場需求產品的專業，此象限思考的關鍵問題是：市場是否有機會改善？是否有特定消費者區隔，可以協助瞭解市場特性？此象限也需要資源投入，但不同於前者，例如，需要對於消費者行為，更進一步的研究瞭解產品改良，以便更具吸引力，利用廣告教育消費者產品相異點。

在本書第 16 章中，會有更多關於市場適合性討論，現在先介紹一種大家熟知的分析方法──SWOT（優勢、劣勢、機會、威脅；如圖 4-2 所示）；利用此分析法，評估企業自我產業競爭體質 S 與 W，討論企業內部，從事產業競爭發展之優勢與劣勢；O 與 T 則廣泛討論，所處整體產業的機會與威脅。因此，優勢與劣勢是來自企業內部，而機會與威脅則是企業外部因素。

經由 SWOT 分析，企業可以釐清相對於競爭對手的優勢與劣勢，但仍缺乏以消費者為基礎的研究資料，因此企業仍然需求以消費者為基礎的行銷研究資料，如消費者知覺圖。舉例來說，如果公司品牌產品線，

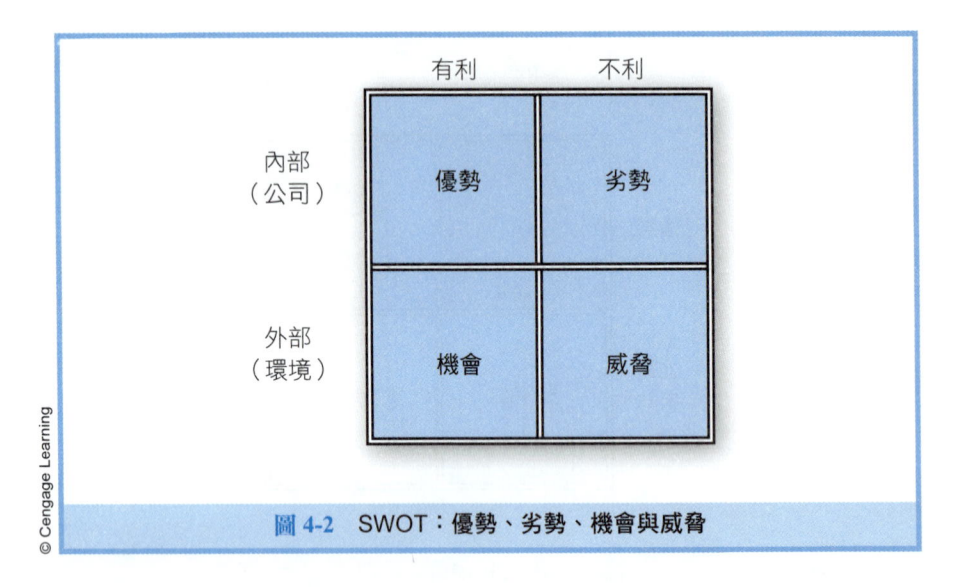

Marketing Management

行銷管理

	有利	不利
內部（公司）	優勢	劣勢
外部（環境）	機會	威脅

圖 4-2　SWOT：優勢、劣勢、機會與威脅

在部分消費者在意的產品屬性上，表現相對於競爭者劣勢，企業應嘗試重塑這些產品點，扭轉消費者對於產品的認知，如果消費者認為，我們的品牌產品，具有相對優勢，我們就應確保這樣的競爭優勢能持續擁有，並且不斷利用廣告宣傳，強化消費者認知，獲得更多消費者認同。

市場機會與威脅，總是受 5Cs 的影響而改變：經濟與環境不斷改變、供應商可能變成競爭者、競爭者可能提供延伸服務、滿足消費者需求等。對於任何改變，是否成為企業的威脅或機會，端視企業的思考角度，究竟是還有半瓶水，還是只剩半瓶水？企業是否足夠敏銳，能反映市場這些改變而變成機會？或企業悲觀的官僚缺乏創意反應，這些改變反而成為威脅？接下來，從消費者的觀點繼續討論相對的優勢與劣勢。

4-2b　競爭力比較

以相對比較觀點，評估企業的優勢，會比絕對觀點更恰當，更能清楚看出企業在產業的真實競爭力，畢竟消費者在購買選擇時，也如同進行品牌比較，因此企業評估與競爭對象的相對優勢。

圖 4-3 即為知覺圖，就是利用比較分析法推論出此圖。圖中顯示從消費者認知角度，討論企業與競爭者優劣勢比較。以最常討論的品質（縱座標）和價格（橫座標）兩項產品屬性為例，此知覺圖，可以瞭解我們與競爭者的相對位置，我們的品質優於競爭者 3，價格優於競爭者 4；然而，我們的品質弱於競爭者 1，價格弱於競爭者 2。

圖 4-3　競爭分析

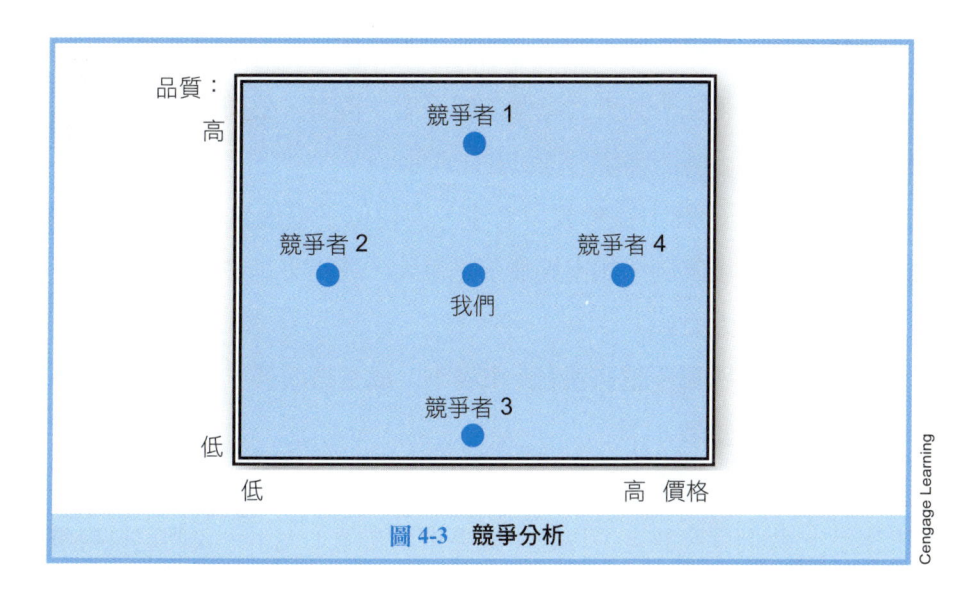

根據上述分析資料，可以透露我們有什麼行銷目標？舉例來說，如果我們目標是在一個價格敏感的市場區隔，就必須小心競爭者 2 的價格策略反制；同理可推，如果我們考慮將市場目標定在偏重品質區隔市場，我們可能要多留意競爭者 1。

圖 4-4 依據不同商業特性，提供不同的市場區隔比較。以市場區隔 1 為例，市場規模不是最大，但成長最快，令行銷人員心動。當然市場成長一刀兩刃，競爭者少，但市場越大越有吸引力，適合公司核心競爭力，雖然可能有更多的競爭者加入，不過仍有能力勝任此市場區隔。

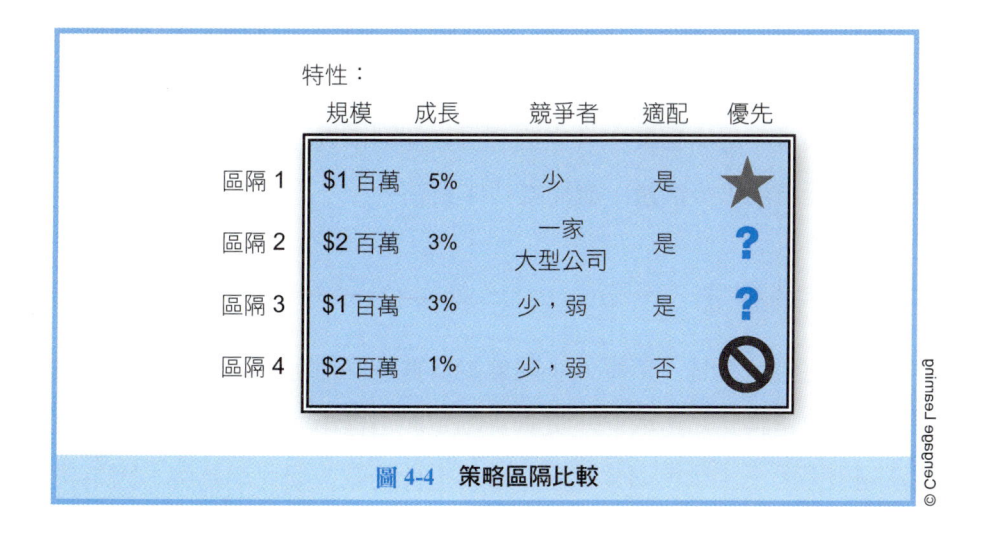

特性	規模	成長	競爭者	適配	優先
區隔 1	$1 百萬	5%	少	是	★
區隔 2	$2 百萬	3%	一家大型公司	是	?
區隔 3	$1 百萬	3%	少，弱	是	?
區隔 4	$2 百萬	1%	少，弱	否	🚫

圖 4-4　策略區隔比較

市場區隔 2 的機會源自因為市場大、成長快，但兩個原因卻使公司猶豫：有一個令人怯步且實力堅強的競爭者；再者，公司並不完全可以勝任。

市場區隔 3 的魅力在於競爭者少，公司似乎有機會主宰此市場區隔，但也有其市場限制，如市場並不是最大、成長不是最快，還有也不是最適合公司能力發展。

市場區隔 4 明顯不值得耕耘；市場小、成長最緩慢，公司不具備經營此市場的相關知識。

簡言之，市場區隔 1 是我們第一優先選擇的市場，如果市場區隔 1 規模夠大，我們就應該全力以赴；如果市場區隔 1 太小，我們可以考慮延伸市場至市場區隔 2 或市場區隔 3。

選擇目標市場要考慮兩個問題：第一個問題是市場大小與公司市場目標適切度。第二個問題通常較具挑戰性，面對一個有發展潛力的大市場，很難拒絕誘惑。事實上，若我們無特別的競爭優勢，保證可以提供優於競爭者的產品或服務，就會面臨痛苦的抉擇。因此，區隔市場評估，必須與公司的使命與經營目標一致，至於市場大小則比較容易評估。

4-3 市場規模

圖 4-4 根據市場大小與可能的市場成長率，討論市場區隔。追根究柢的行銷人員，毋庸置疑，會立刻想得到個別市場區隔的特性，接下來先討論區隔市場大小估量，繼而推估成長率。

4-3a 行銷觀念

市場定義越清楚，市場大小就越能真實被評估出來；反之，錯誤的評估，亦會錯誤認知。因此，更真實的定義目標市場，就能更容易地評估區隔市場大小。以美國銷售露營車給退休的戰後嬰兒潮為例，因為美國戰後嬰兒潮人口數量明確，再依其生活型態習慣，可評估產品使用區隔市場大小。想像一個朋友接受你的建議，考慮進入銷售或租賃露營

解構目標市場區隔

- 美國男性
- 60%已婚
- 35-55 歲是成長和獲利高峰的目標市場
- 美國人口約 3 億,35-55 歲男性人口約 4300 萬,占總人口 19%
- 在機上或線上訂閱《運動畫刊》(Sports Illustrated)、《君子雜誌》(Esquire)、《瀟灑》(GQ)和《男士健康》(Men's Health)等雜誌。
- 配戴 Omega、TAG Heuer 或 Citizen 石英錶
- 休閒娛樂包括觀賞《流言終結者》(MythBusters)、《達人王》(Handyman)、《嗜血法醫》(Dexter)、《辛普森》(Simpsons)、《我的老爸鬼話連篇》(Shit My Dad Says)、《致命捕撈》(Deadliest Catch)等電視節目。
- 隨處可見 Infiniti 汽車、家裡車庫是雪佛蘭Silverado或福特 F-350,想望擁有一輛 Corvette
- 常穿雨果博斯(Hugo Boss)、凱尼斯柯爾(Kenneth Cole)與耐吉(Nike)等時尚鞋款。
- 常穿 Ralph Lauren、Diesel、Calvin Klein 或Gucci 等時尚服飾。
- 據此了解我們的目標客群:客群輪廓?喜歡什麼?如何透過媒體接近?

車市場給戰後嬰兒潮使用，他納悶該市場的獲利狀況如何，經由評估市場需求推估市場大小，我們可以利用美國政府官方人口普查資料獲得相關資料，諸如：約有多少戰後嬰兒潮退休人口。圖 4-5 記錄基本統計資料，美國人口約三億一百萬，戰後嬰兒潮人口（65 歲以上）約佔 12.6%，其中 42% 是男性，58% 是女性，他們的婚姻狀況，大部分不是已婚（53%），就是喪偶（31%）。此資料亦說明，67% 擁有自有住宅，33% 則是租屋。

```
美國人口 = 301,000,000
65 歲以上 = 12.6%
  • 42% 男性、58% 女性
  • 53% 已婚、31% 喪偶
  • 67% 自有住宅、33% 租屋
所以，市場潛力是
  301,000,000 人
  × 12.6% 退休
  × 67% 自有住宅
  = 25,410,420
  ~25 百萬潛在消費者
```

圖 4-5　市場規模：戰後嬰兒潮露營車

總人口中的 12.6%（約 3,792 萬 6,000 名退休族），可能對我們的服務有興趣。你的朋友想鎖定有房子的退休族，因為這些人比較有錢有閒，享受休閒活動；但基於不同的觀點，這些租賃房屋的退休族可能會考慮擁有另一種有輪子的房屋，考慮擁有房子的退休族（約 67%），潛在購買露營車約 2,500 萬人。

2,500 萬人似乎是一個很大的市場機會，事實上，還有很多因素會影響商業獲利，例如：價格、成本，還有可能需要提供不同價格、配備、款式的露營車，這都會增加市場經營複雜程度。另外一項值得注意的議題是，沒有任何的二手資料討論關於戰後嬰兒潮消費者是否有興趣購買露營車，因此我們需要進行消費者研究，瞭解戰後嬰兒潮對於露營車的需求偏好，已婚的消費者偏好購買取代出租；相對地，喪偶的族群有不同的消費行為，喪偶者喜歡三五同性好友成群，傾向以租代購的方式來使用露營車。

潛在使用者	市場大小	擁有數	使用數	購買數	租用數
總市場	25,410,420				
已婚 (53%)	13,467,523	~2	6,733,762	95% = 6,397,073	5% = 336,688
喪偶 (31%)	7,877,230	~4	1,969,308	20% = 393,862	80% = 1,575,446

圖 4-6　市場規模：供夫妻與好友使用露營車的市場比較

圖 4-6 顯示，1,350 萬人的已婚族群，其中約有 673 萬 3,762 人使用露營車旅遊。再者，其中有 95% 自己購買露營車，約 639 萬 7,073 人；八萬名的喪偶者則是四人一組地租用露營車。換句話說，大約有二百萬輛露營車需求，露營車一年大約使用 3.5 次，只有 20%（393,862）會購買，整體露營車需求大約是 6,397,073 + 393,862 = 6,790,935（輛）的市場，是否規模大到具有吸引力？那是一個主觀問題，但是評估過程須具備幾個步驟：盡可能蒐集相關資料，釐清市場目標，思考市場差異。

除了考慮市場大小以外，另外需要考慮市場成長性，我們可以從人口普查資料，分析下一個世代退休人口數量，如 55 至 65 歲族群，推斷預測市場成長有其風險性，但是好的分析技巧，可以協助得到過去三到四年或十年的銷售資料。舉例來說，三年的平均數，可以預測第四年；換句話說，二、三、四年可以預測第五年；依此類推……，若非市場反常現象，上述預測方法即可成為預測未來市場參考，另一個議題則是關於市場獲利，以露營車市場為例，市場獲利是來自於不同的營運方式：銷售與出租露營車。前者銷售越多，獲利越多；後者服務越多，獲利越。多出租通常比銷售有較多的變動成本，銷售的變動成本會隨不同的配備與規格有所差異，獲利因而也會不同。

市場競爭者也是重要考慮議題。我們可以從電話簿或網路資料庫中，蒐集競爭者相關資料；或者思考不同競爭者，其商業營運模式與不同獲利來源，同時，B2B 市場較易評估市場大小。對於露營車市場，不只是針對退休族群，亦可考慮租車公司或捐血中心、行動寵物服務車、行動髮廊、行動醫療車……等。B2B 或 B2C 市場，評估邏輯相似。

從總人口數開始，依序推斷不同需求市場，因此市場大小可利用：
總需求人口數 × 知道我們品牌百分比人口數 × 使用過我們的品牌人口百分比 × 重複購買的百分比

我們亦可計算消費者的每年需求量：

（總需求人口數 × 知道我們品牌百分比人口數 × 使用過我們的品牌人口百分比 × 重複購買的百分比）× 每年購買量

計算消費者每年銷售金額，只要將銷售數量乘以零售價格，即可得。

決定目標市場，端視兩個因素的相互交互作用：(1) 計量問題，像是市場區隔大小或獲利率與市場成長；(2) 策略問題，公司經營目標與市場定位適切性。

行銷管理實務個案討論

入物流中心或統倉!?

Z 公司是國內調理食品領導廠商，對於 A 連鎖超市要求改變原有的由 Z 公司的物流中心配送至 A 連鎖超市賣場的通路方式，要求由 Z 公司的物流中心運送至 A 連鎖超市的統倉，Z 公司必須支付分擔 5% 的物流成本且退貨（逆）物流作業仍須由 Z 公司負責，如此一來，影響目前的物流作業模式，導致 Z 公司營運上衝突。

（資料來源：財團法人商業發展研究院。）

問題討論

1. 利用本章相關理論，試著估計你居住城市的足球褲潛在市場銷量。提示：
   A. 上網搜尋你所居住城市的高中數量，如果你是住在一個大城市，試著聚焦在最大的學區。
   B. 假設 90% 的高中至少都有一個正式橄欖球隊（40 人）或培訓球隊（35 人）。
   C. 假設每位球員都有二條比賽褲，以及平均 1.5 條的白色練習褲。
2. 上網搜尋你的學校主頁，通常都有對於全校學生的基本人口統計變數說明。利用上述資訊去推估包括自動販賣機、風味咖啡和 NoDoze 抗疲勞咖啡因片的市場規模，還有哪些其他資訊可以提高上述推估的準確性？

CHAPTER 5 市場定位

本章大綱

I 市場定位法重要性
   a. 市場定位知覺圖
   b. 市場定位矩陣
II 市場定位說明書

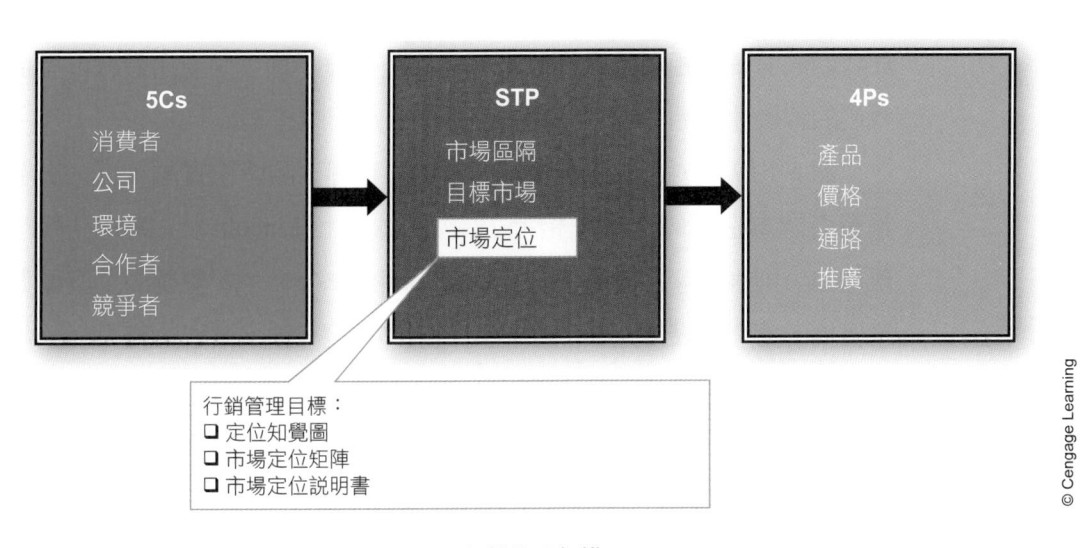

```
┌─────────────┐      ┌─────────────┐      ┌─────────────┐
│    5Cs      │      │    STP      │      │    4Ps      │
│  消費者      │  →   │  市場區隔    │  →   │  產品        │
│  公司        │      │  目標市場    │      │  價格        │
│  環境        │      │ │市場定位│   │      │  通路        │
│  合作者      │      │             │      │  推廣        │
│  競爭者      │      │             │      │             │
└─────────────┘      └─────────────┘      └─────────────┘
                           │
              行銷管理目標：
              ❑ 定位知覺圖
              ❑ 市場定位矩陣
              ❑ 市場定位說明書
```

行銷管理架構

5-1 市場定位與重要性

　　有了市場區隔與市場目標後，我們可以開始進行市場定位。定位方式由市場決定，我們須確定：從競爭者與消費者的角度，我們的品牌或公司是什麼？一旦釐清上述問題，你便可瞭解你可做什麼，你應該做什

麼。市場定位就是行銷人員的職責，職責內容包括設計一個能為目標消費族群，帶來價值獲利（也就是說你的消費者怎麼看待你的品牌），價格不僅要能獲利，且要有價值感，建立配銷關係使貨暢其流。一系列的促銷活動，溝通目標消費族群；換句話說，定位涉及所有行銷組合活動，本章討論市場定位觀念，並且說明與行銷組合的關係我們利用消費者知覺圖說明行銷定位，繼而利用行銷定位，舉證說明行銷組合結構，最後討論行銷定位宣言。

5-1a　市場定位知覺圖

　　圖表勝過千言萬語，行銷人員喜歡經由圖表瞭解，他們的品牌在哪裡？競爭者在哪裡？消費者怎麼看待他們的產品？這樣的圖表幫助我們展望消費者對我們產品的觀點，亦可回答重要的行銷相關問題：我們的優點和缺點是什麼？誰是我們的競爭者？我們對於競爭者的看法，是否與我們的消費者相同？我們的產品定位是什麼？哪一個產品最有可能是我們的替代性產品？消費者知覺圖提供上述問題答案。

　　圖 5-1 說明，油電混合車市場定位知覺圖。品牌位置越接近，表示消費者認為它們的產品越相近（例如 Lexus 和 Lincoln），同時品牌距離越遠，則表示產品差異越大（如 Prius 和 Tesla）。知覺圖的縱座標與橫座標，分別代表價錢與產品品質。

　　在所有品牌中，Lexus 和 Lincoln 的相互取代性較高；Prius 和 Tesla 並非競爭對象。從消費者區隔觀點，消費者區隔 1 的 Lexus、Lincoln 和 Tesla 是同在這個區隔中的產品，消費者通常會在三品牌中擇一。

　　右下方是消費者區隔 2，並無品牌羅列其上，知覺圖顯示可能存在市場機會，但是我們並不希望追求這樣的市場機會，因為消費者追求豪華的服務但便宜的價格，而這樣的市場無法產生利潤。

　　圖 5-2 顯示渡假飯店所在城市位置知覺圖。縱軸與橫軸分別代表價格與旅遊活動特色，從此圖中可協助公司依據渡假飯店所在城市位置，重新設計旅遊內容，給不同的消費者需求。

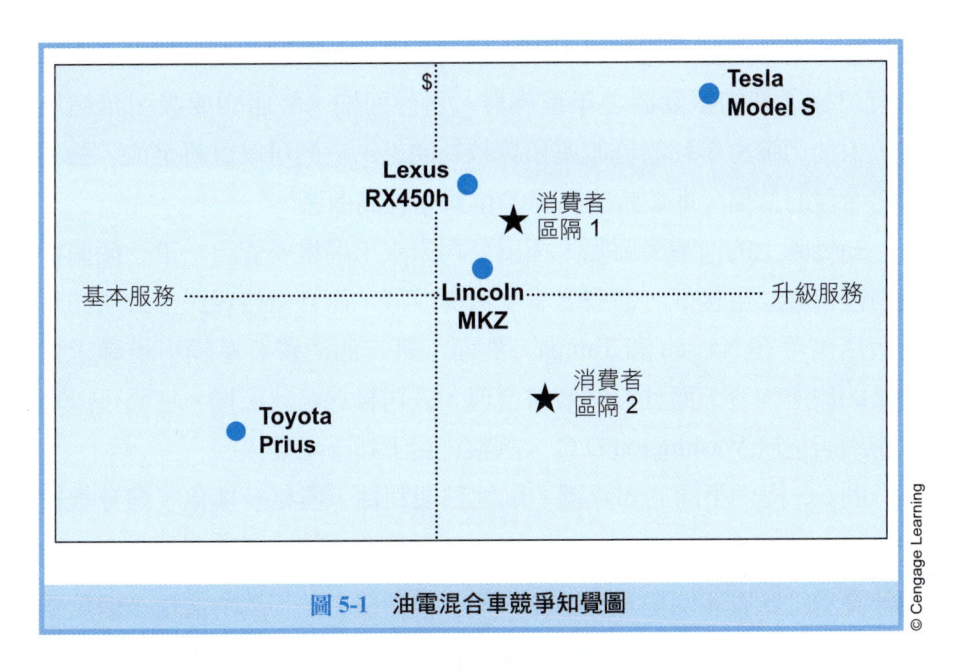

圖 5-1 油電混合車競爭知覺圖

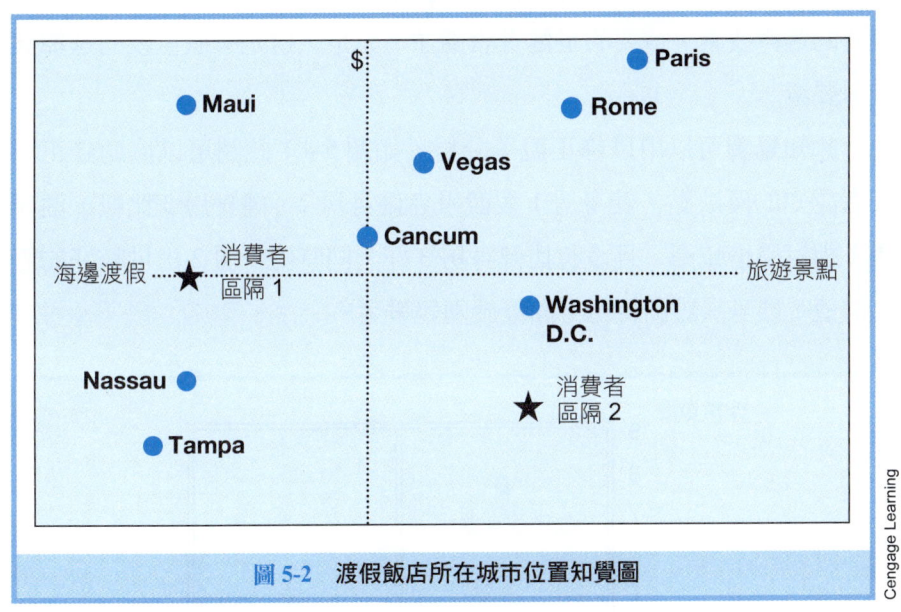

圖 5-2 渡假飯店所在城市位置知覺圖

Paris 和 Rome，充滿許多旅遊景點，但價格相對較高；Maui 和 Tampa，屬於海邊渡假，而且價格相對親民。

從這些知覺圖，行銷人員常常會問自己：我們的品牌是否被適當定位或消費者的想法是否與我們一致？舉例來說，飯店花費許多預算在廣告活動上，嘗試說服潛在觀光客能夠注意 Nassau 的文化特色；換句話說，飯店嘗試把 Nassau 的市場定位移至右方，但似乎未盡全功。此知覺圖確認兩個消費者區隔，因為此知覺圖受測者均為有經驗的消費者，

所以並非潛在消費者的想法，飯店公司意識到此原因，而且想吸引有別於有口袋深度的銀髮族之年輕族群。可想而知，飯店想要吸引年輕族群，但他們瞭解年輕族群旅遊預算較為缺乏，它們可以重新定位，強調飯店合理的價格，即便飯店所處的位置是在高價區。

知覺圖上的消費者區隔，指出公司未來市場重要資訊。第一個消費者區隔市場反應極好，消費者享受海灘渡假，而且價格親民，公司同時有飯店坐落在 Nassau 和 Tampa。然而，第二個消費者區隔市場尋求更豐富的旅遊內容，而且希望價格合理，公司較忽略此市場。它們可以嘗試將飯店位於 Washington D.C.，調整符合上述市場需求。

圖 5-3 提供不同的知覺圖。以地點便利性、器材多樣化、健身教練指導，定位健身房知覺圖。消費者依據三項標準重要性與服務品質，選擇健身房。此圖說明健身房地點方便，但消費者並不認為這是一個重要選擇健身房因素，健身指導教練服務並不好，但幸運地，那也不是一個重要的選擇要素，重要的是健身設備並不充足，這是一個重要的選擇健身房要素。

此知覺圖可以用以修正競爭分析，如圖 5-4。此圖可以協助修正消費者認知的優缺點。健身房 1 與競爭者健身房 2、健身房 3 比較，健身房 1 相對價格較高，且沒有比健身房 3 好，同時健身房 2 提供較好的服務價值，健身房設備特色方面優於兩競爭者。

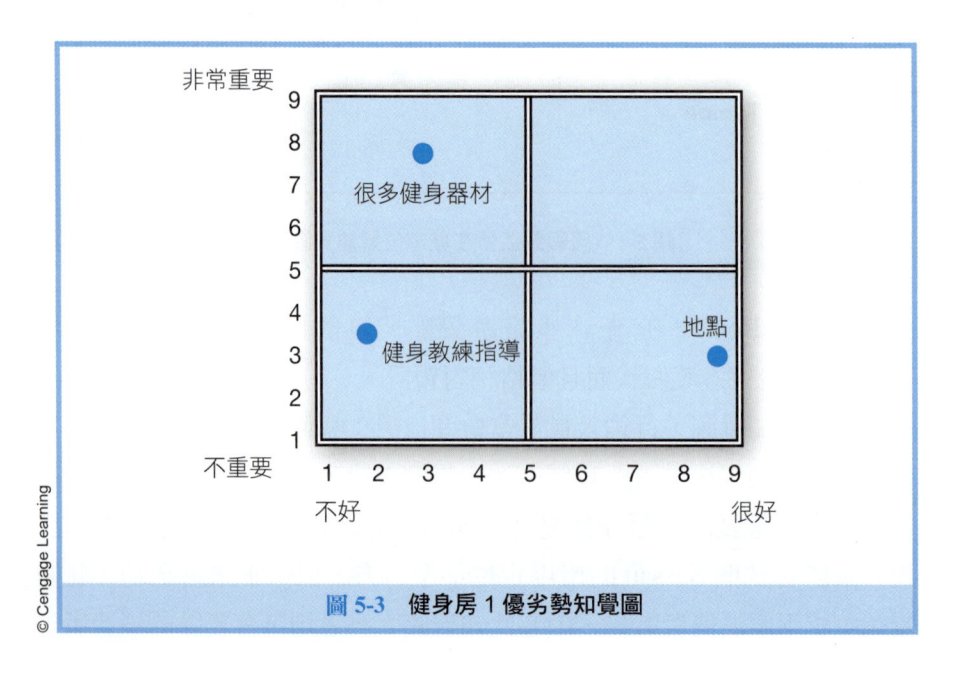

圖 5-3　健身房 1 優劣勢知覺圖

因為圖 5-4 只能顯示兩種特色比較，所以我們需要有更多的知覺圖才能清楚瞭解全面的競爭關係。圖 5-5 雖然不是一個知覺圖，但是可以說明競爭者的消費者認知資料，更多的特色比較，可以更清楚地辨識競爭目的。

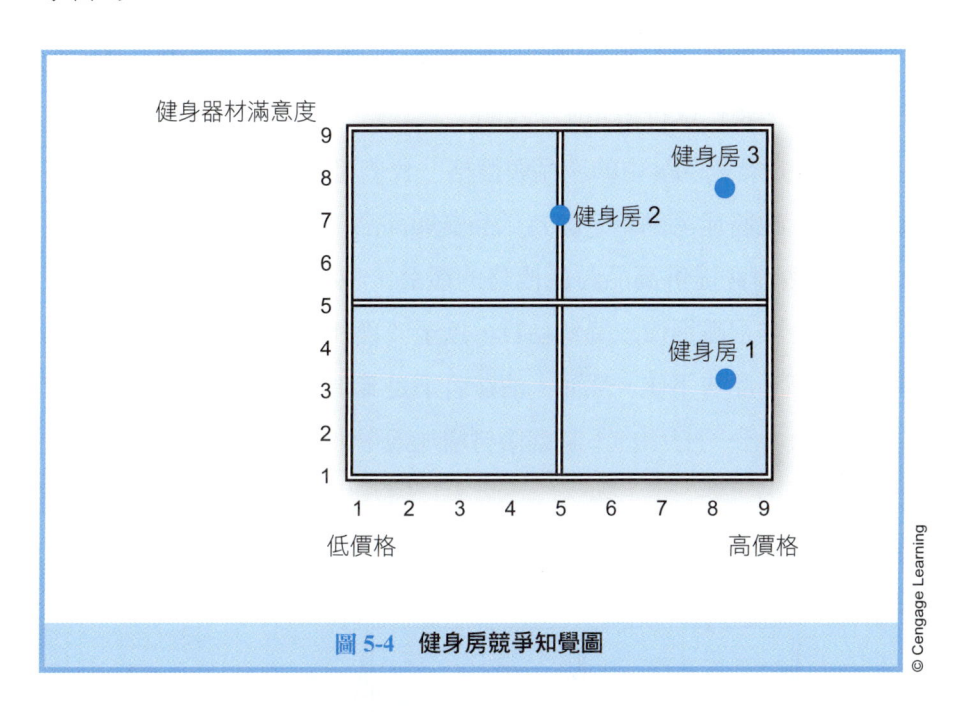

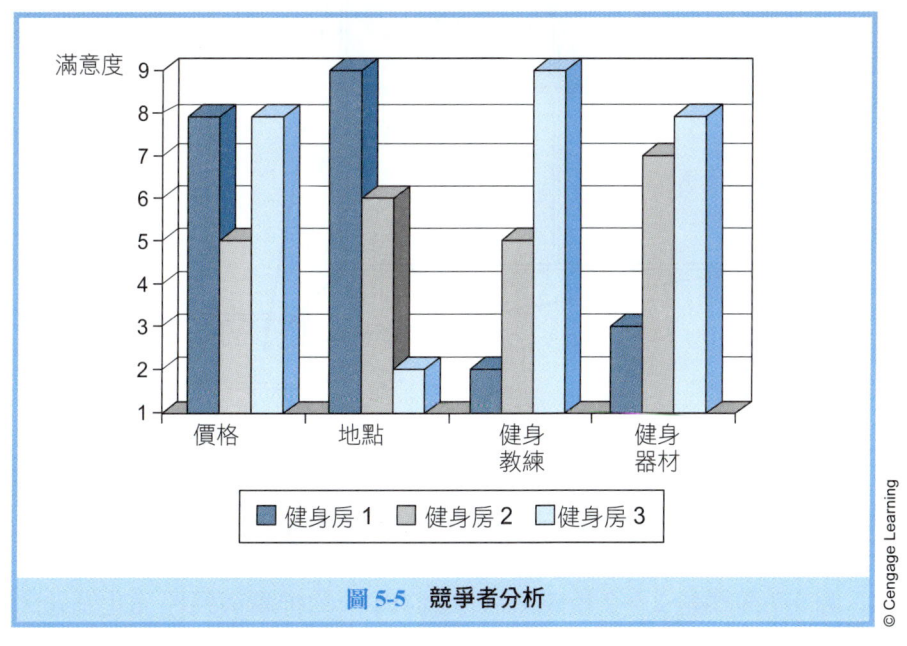

圖 5-4　健身房競爭知覺圖

圖 5-5　競爭者分析

5-1b　市場定位矩陣

消費者永遠有需求，等待最好的商品。大部分的公司會在它們的官網或年報中揭露公司的使命、揭露產品優先，或者它們是為消費者而存在、它們關心員工勝於一切等。當然，沒有消費者，就沒有公司。

所以，問題是：你的市場定位是什麼？最酷的品牌是什麼？最好的價值是什麼？我們以行銷 4Ps 來說明。

圖 5-6 是行銷 4Ps 中的產品與價格。我們可以簡單選擇低價格與高價格策略，也將產品簡單定義為低品質與高品質。圖 5-6 中在 2×2 的矩陣，偶爾品牌會提供高品質低價格的產品，也就是說這些產品物超所值，但是企業很難漲價或降低品質，以至於獲利受損；相反地，偶爾品牌價格過高，品質不佳。然而，消費者不是笨蛋。這樣的品牌不會在市場停留太久，公司必須向下調整價格增加競爭力、改善品質符合定價，或者離開市場。

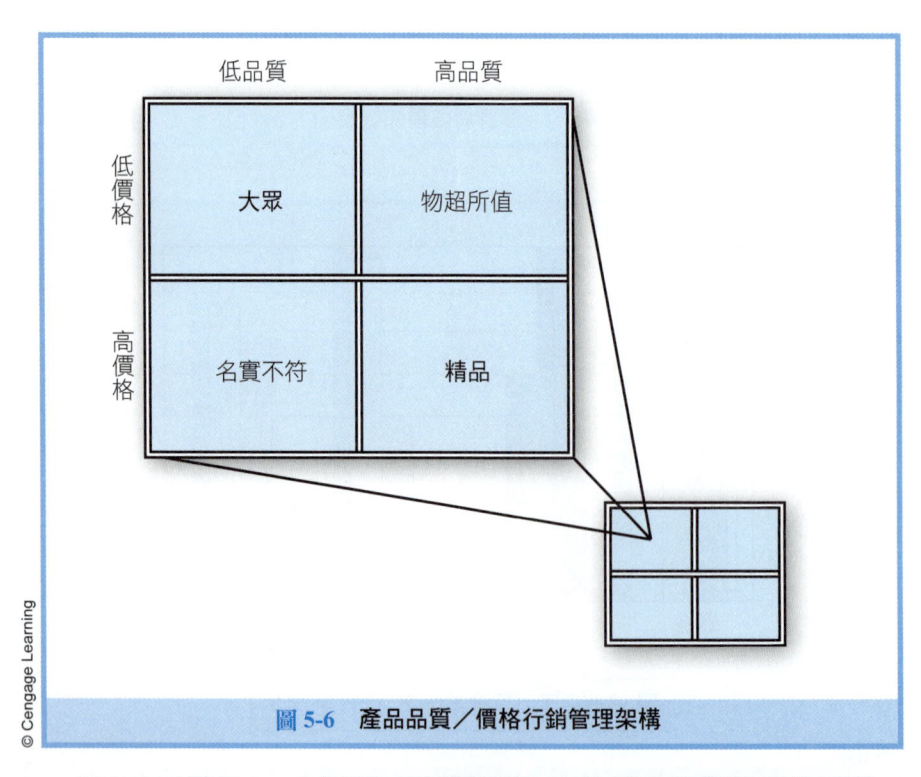

	低品質	高品質
低價格	大眾	物超所值
高價格	名實不符	精品

圖 5-6　產品品質／價格行銷管理架構

圖 5-7 同樣是 2×2 矩陣，以行銷 4Ps 中的推廣與通路簡化問題。推廣最重要的決策問題是，是否有大量預算與廣泛通路可供選擇？

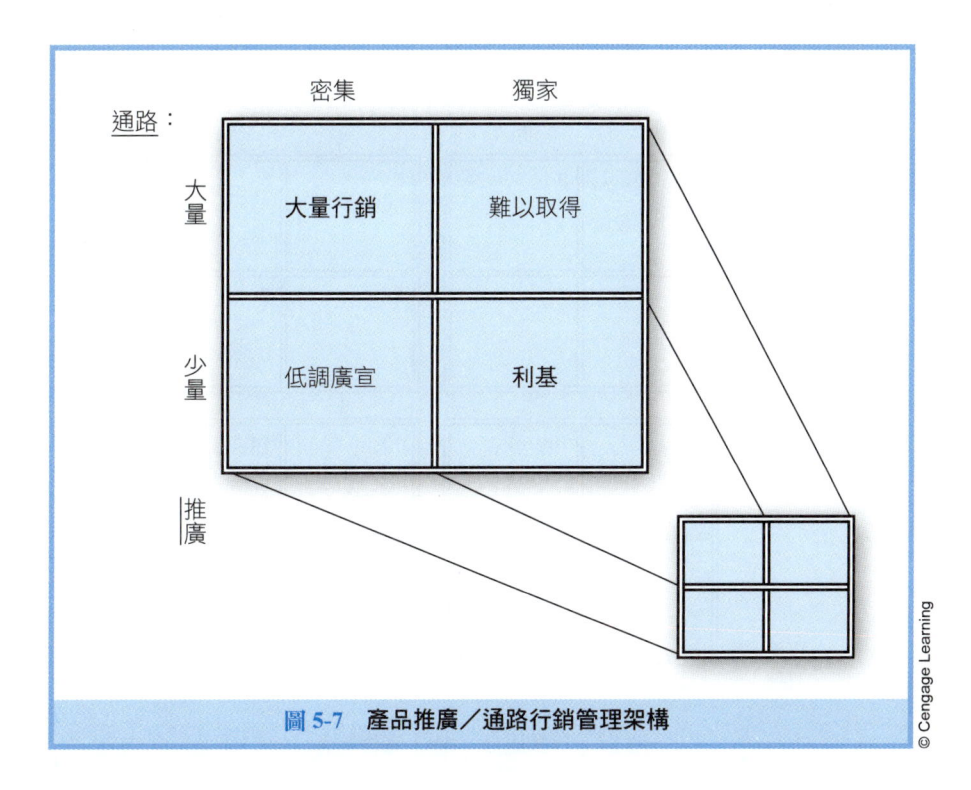

圖 5-7　產品推廣／通路行銷管理架構

通路：密集、獨家
推廣：大量、少量

	密集	獨家
大量	大量行銷	難以取得
少量	低調廣宣	利基

　　如果一家公司大量推廣、商品種類繁多、商品取得容易，但是它採取選擇或獨家部分通路將產生不良後果；如果商品是具有高級形象，就不適合廣設通路，所以大量推廣與密集通路，不同於少量推廣與獨家通路重點設計。

　　圖 5-8 說明 4Ps 中的所有十六個組合。理論上，任何的產品組合都有可能，你可以提供高品質產品，在獨家通路重點推廣，而且仍然以低價為策略。

　　圖 5-9 建議忽視低價獨賣通路組合。假設如果一個定價低的品牌，公司就需要有大量的銷售，才能產生盈餘，當然這是一個假設性的情況，因為公司重視的是獲利，然而，事實上低價經常就是低獲利，所以高定價通常獲得高報酬。

　　圖 5-10 建議忽略高定價、低品質策略。消費者會認為你提供名不副實產品，消費者會轉向選擇其他品牌，直到公司感受壓力而調整價格為止。

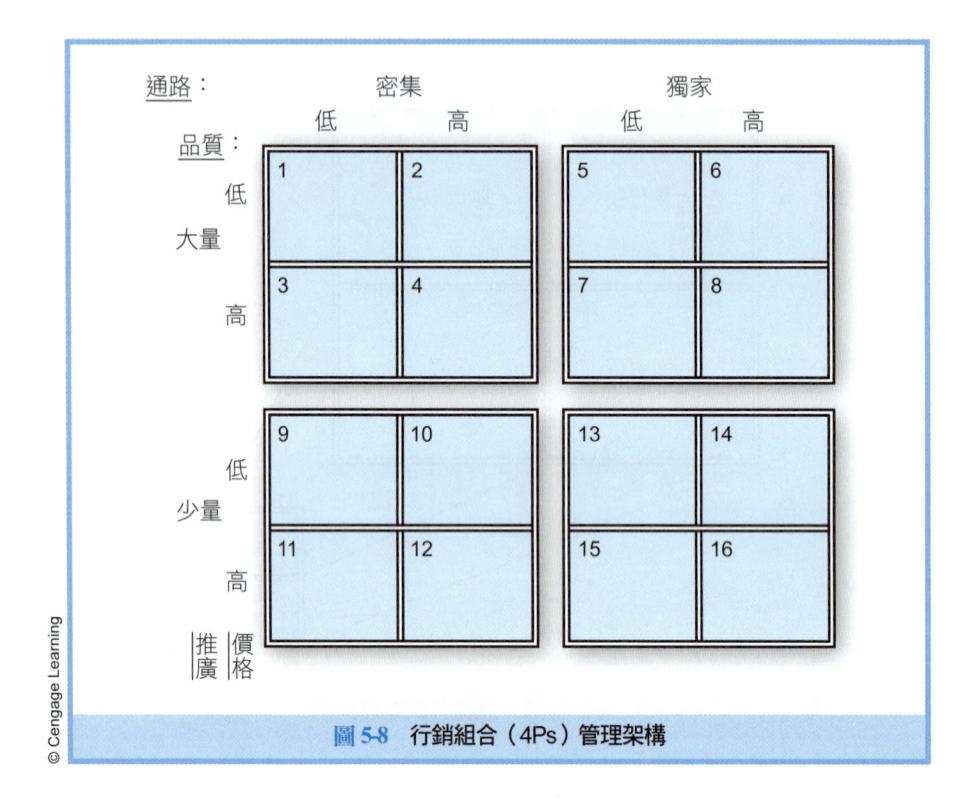

圖 5-8　行銷組合（4Ps）管理架構

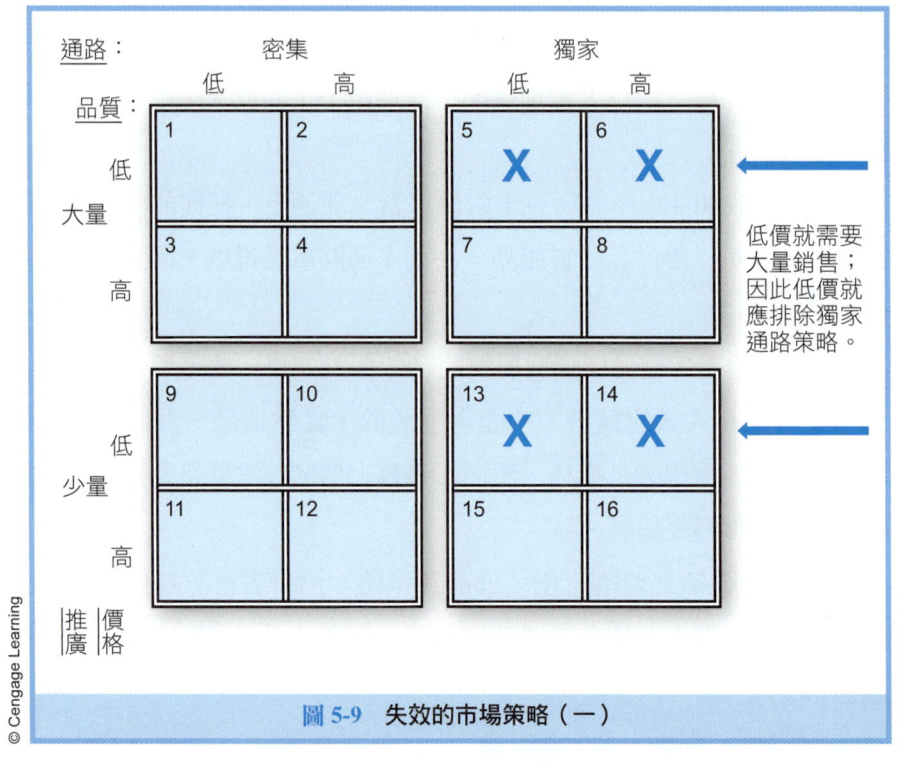

圖 5-9　失效的市場策略（一）

低價就需要大量銷售；因此低價就應排除獨家通路策略。

通路：	密集		獨家	
品質：	低	高	低	高

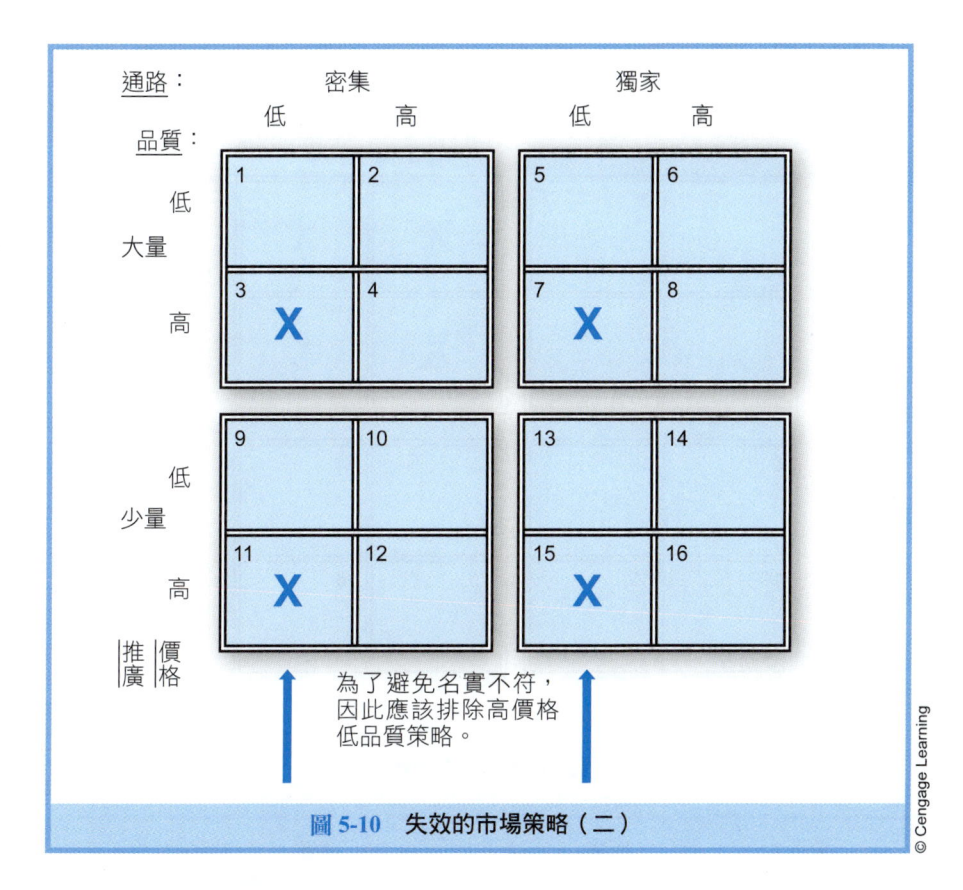

```
        密集             獨家
       低    高        低    高
 低   ┌──┬──┐       ┌──┬──┐
大量  │ 1│ 2│       │ 5│ 6│
 高   ├──┼──┤       ├──┼──┤
      │ 3│ 4│       │ 7│ 8│
      │ X│  │       │ X│  │
      └──┴──┘       └──┴──┘

 低   ┌──┬──┐       ┌──┬──┐
少量  │ 9│10│       │13│14│
 高   ├──┼──┤       ├──┼──┤
      │11│12│       │15│16│
推 價 │ X│  │       │ X│  │
廣 格 └──┴──┘       └──┴──┘
         ↑              ↑
    為了避免名實不符，
    因此應該排除高價格
    低品質策略。
```

圖 5-10　失效的市場策略（二）

圖 5-11 建議我們忽略大量推廣與獨家通路組合。商品取得的便利性，無法滿足消費者需求，會影響消費者購買意願。

圖 5-12 說明物超所值商品——高品質但相對低價很難持續，公司傾向調升價格或降低品質，好讓品質和價格平衡。

圖 5-13 指出，密集通路和少量推廣組合，是比較消極的策略。公司並沒有用力推廣此品牌，雖然容易取得此品牌，但知名度不高，這樣的策略可以使用在成熟商品或習慣性購買商品。然而，這樣的品牌會逐漸沒落，因為行銷人員不再投資此品牌。

圖 5-14 融合先前圖 5-10 和圖 5-12：名實不符或物超所值商品。我們比較常看到低定價、低品質，或高定價、高品質。

相同地，圖 5-15 組合圖 5-11 和 5-13：我們通常發現，大量推廣會有密集通路出現。

圖 5-16 指出兩策略：(1) 低價格、低品質，密集大量推廣；(2) 高價格、高品質，獨家通路重點推廣。

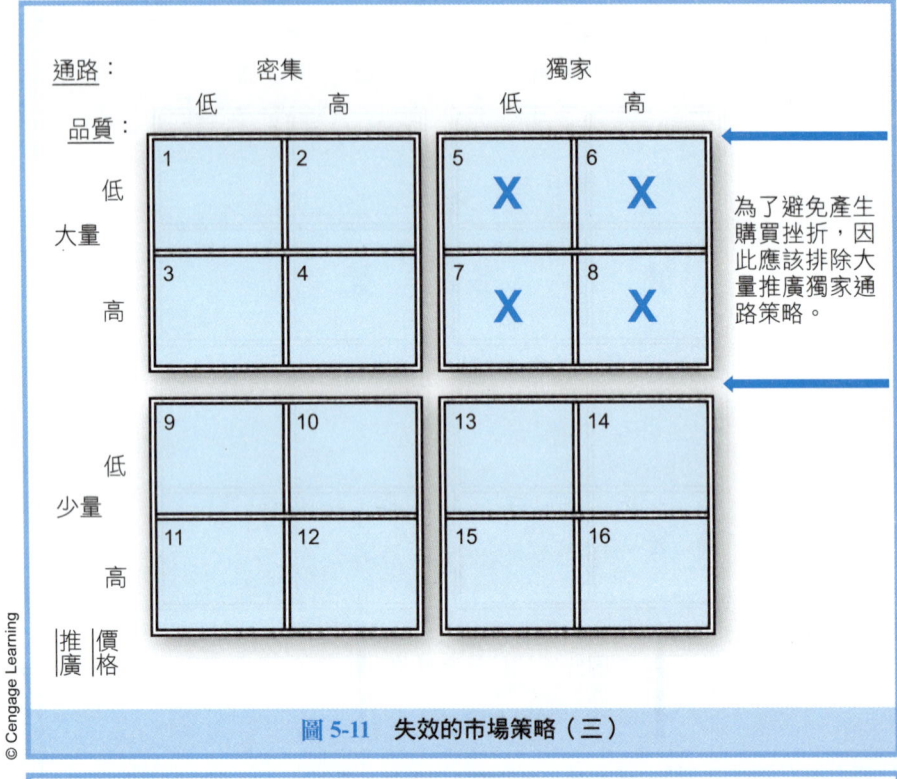

圖 5-11　失效的市場策略（三）

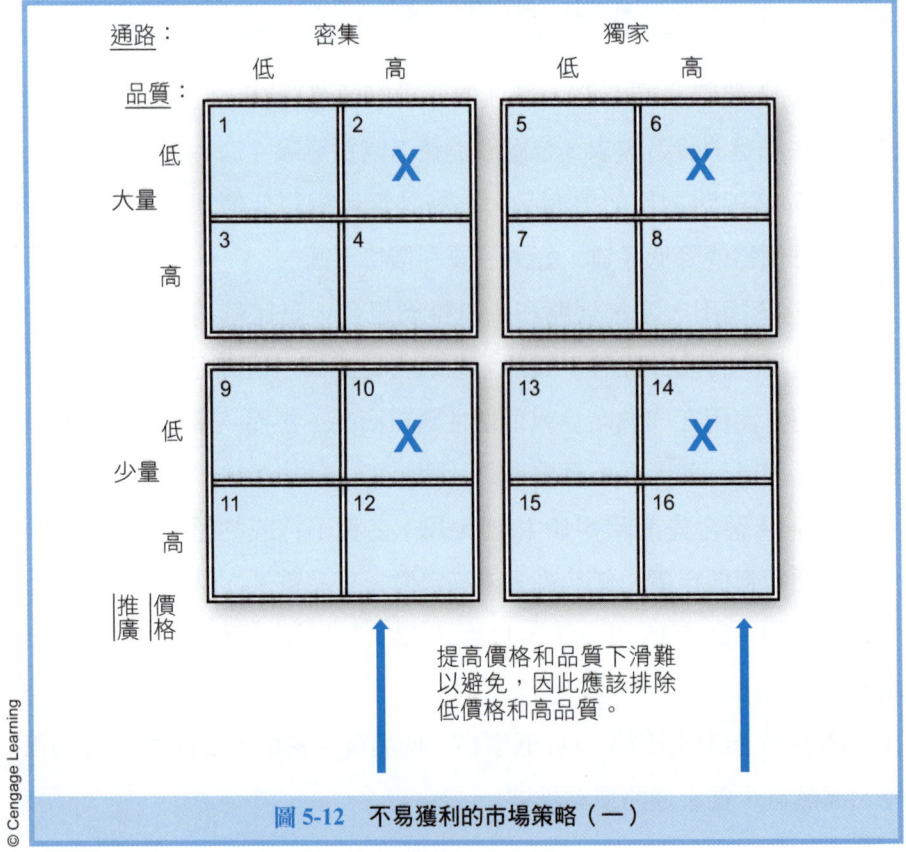

為了避免產生購買挫折，因此應該排除大量推廣獨家通路策略。

圖 5-12　不易獲利的市場策略（一）

提高價格和品質下滑難以避免，因此應該排除低價格和高品質。

圖 5-13　不易獲利的市場策略（二）

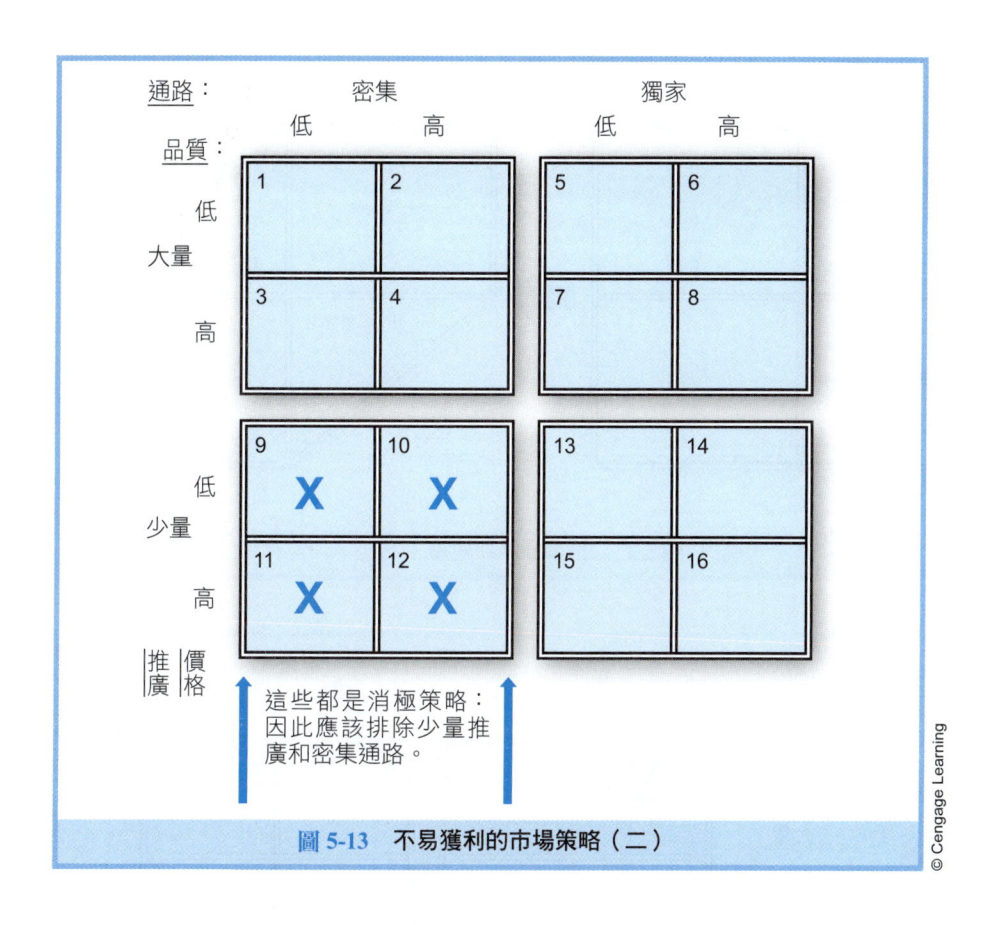

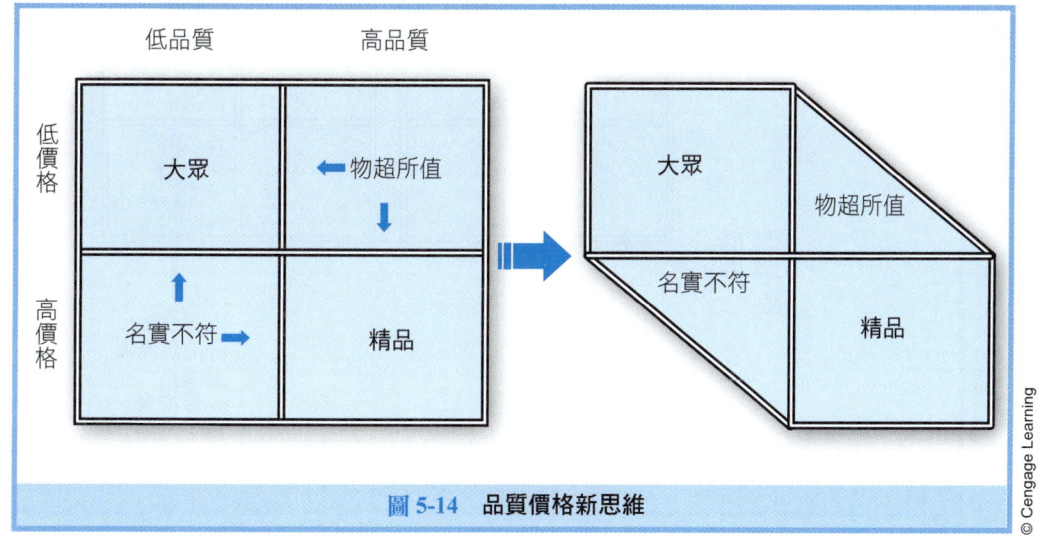

圖 5-14　品質價格新思維

圖 5-15　推廣通路新思維

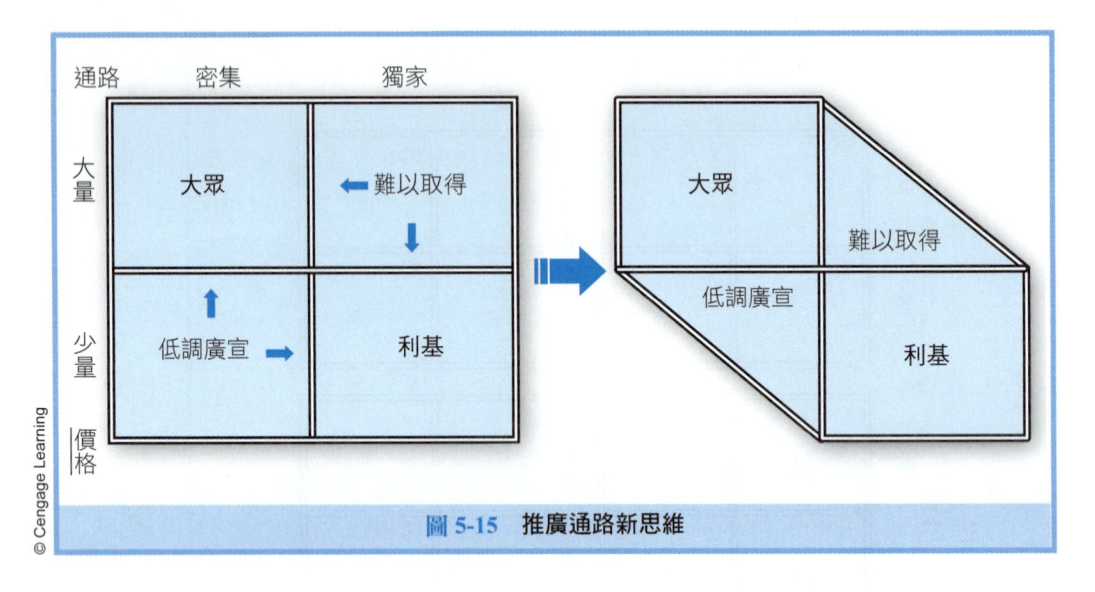

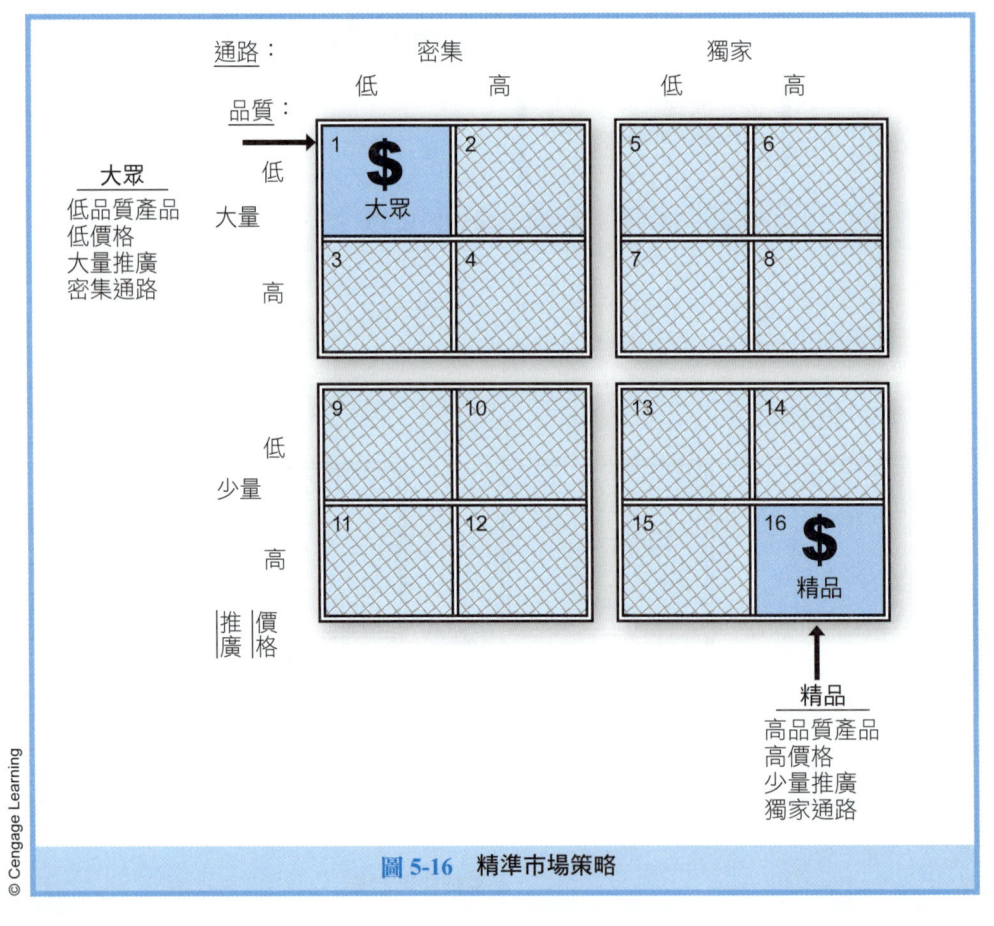

圖 5-16　精準市場策略

簡化市場分析假設，優點是清楚瞭解分析目標。我們可以定位我們的產品，低價格、低品質或完成高品質、高定價，隨著市場變動，我們可以修正 4Ps 中任何一項作為我們的策略選擇。

圖 5-17 顯示塔吉特（Target）和梅約（Mayo），分別在極端左上與極端右下的兩個位置，這樣的組合，是最適合與常見於市場。以長期而言，會有更多的競爭者進入這樣的市場，舉例來說，麥克·崔西（Michael Treacy）和弗瑞德·韋思曼（Fred Wiersema）在《市場領導學》（The Discipline of Market Leaders）一書中，說明三個公司基本策略，可以創造價值並贏得市場目標：(1) 出色的經營──這樣的公司，在生產力和配銷表現，優於同業，或價格與方便性，優於同業，如戴爾（Dell）、西南航空（Southwest Airline）、沃爾瑪（Walmart）和好市多（Costco）；(2) 領導品牌──這樣的公司有很好的品質和創新性，如嬌生（Johnsons & Johnsons）；(3) 親近消費者──這樣的公司針對特別的消費者制定消費者化商品，雖然價格較高，但可期待長期的消費者忠誠或消費者終身價值，如諾斯壯百貨（Nordstrom）、家得寶（Home Depot）或亞馬遜（Amazon）。

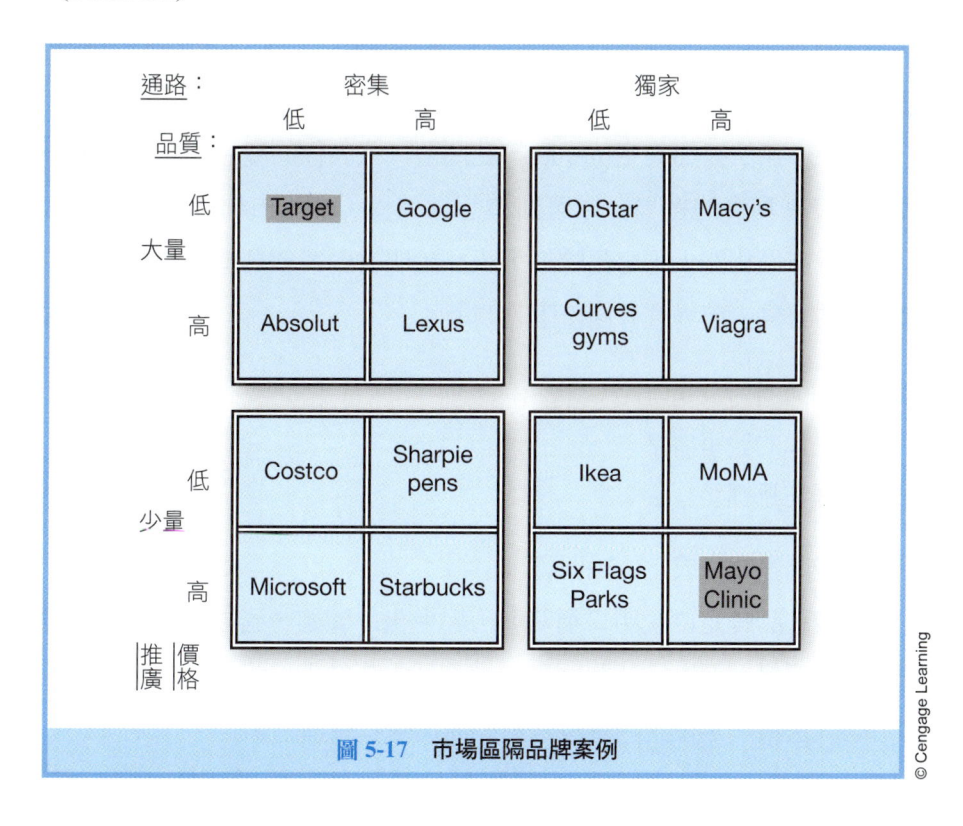

通路：	密集		獨家	
品質：	低	高	低	高
低 大量	Target	Google	OnStar	Macy's
高	Absolut	Lexus	Curves gyms	Viagra
低 少量	Costco	Sharpie pens	Ikea	MoMA
高	Microsoft	Starbucks	Six Flags Parks	Mayo Clinic

推廣｜價格

圖 5-17　市場區隔品牌案例

相同地，麥克‧波特（Michael Porter）在他的《競爭策略》（*Competitive Strategy*）一書中，說明了保持成本降低、具有價格競爭力、差異化導向，或適當的利基定位。

5-1c　市場定位說明書

一旦公司決定它的產品定位，就必須能夠給不同閱聽眾清楚溝通產品定位，包括消費者、內部員工、股東、社會大眾等等，定位說明書是一種溝通，而且有其標準作業流程。從行銷本身而言，市場區隔是行銷策略（STP）的開始，行銷定位說明書應清楚仔細說明目標區隔，亦須清楚描述目標消費者。

另一個定位說明書要素是，獨特銷售點主張（unique selling proposition, USP），換句話說，就是清楚說明品牌競爭優勢，獨特銷售主張，亦即兩件事：

- 什麼是產品類型（SP），產品優於競爭者特性（U）？
- 為什麼消費者會買你的商品，而不是購買競爭者的商品，產品好在哪裡？

如果你無法在你的定位中回答此問題，代表你的產品差異性極小；如果你沒有真實的差異，亦可創造想像差異。好的市場說明書易於溝通，而且市場相關人士容易瞭解，因此說明書內容須具體簡單，且為市場習慣的語言，市場宣言涵蓋下列問題：

1. 你的溝通對象是誰？
2. 誰是你的競爭者？
3. 你好在哪裡？

融合這些問題即完成定位說明書。

最後，品牌定位說明書須隨著市場進化。譬如，過去強調省錢，現在應強調環保議題。定位說明書如同公司內部的備忘錄，提醒所有的管理者融入決策，定位說明書也是對外溝通基本原則。

行銷管理實務個案討論

降價促銷與消費者服務

　　My3C 是一家網路 3C 產品的銷售通路，Alex 是這家公司的客服部主管，剛剛收到 PM 送來的「開學季」促銷方案，但網路 3C 產品資訊透明，往往能夠影響消費者下單購買 3C 產品，就是價格高低，也因為網路購物，消費者有七天的鑑賞期。依過去的經驗，每當行銷部推出促銷方案時，業績就會暴增，也為客服部門帶來應接不暇的換退貨電話；另外，還要審視網路申請退換貨的案件，讓客服人員窮於應付消費者申告，Alex 心裡早已盤算著，接下來該如何面對這場硬仗，才能做好消費者服務，又能兼消費者部門績效。

（資料來源：財團法人商業發展研究院。）

💬 問題討論

1. 如果你正著手畫一張手錶市場知覺圖，什麼樣的屬性可以用來區別不同品牌之間的異同？
2. 找出一家目前正常營運的公司，並且標示其所處的市場定位？如果該公司要更成功，你如果改變他的 4P 組合？
3. 試著擬出一份定位說明書，讓你可以成功說服你喜歡的公司任用你。

PART 2

產品定位

CHAPTER 6 產品定義

本章大綱

I. 什麼是產品？
　a. 市場交換
II. 商品與服務差異
　a. 無形性
　b. 搜尋、體驗與信任
　c. 儲存性
　d. 變異性
　e. 商品與服務意涵
III. 企業核心產品
　a. 動態策略
　b. 產品線：寬度與深度

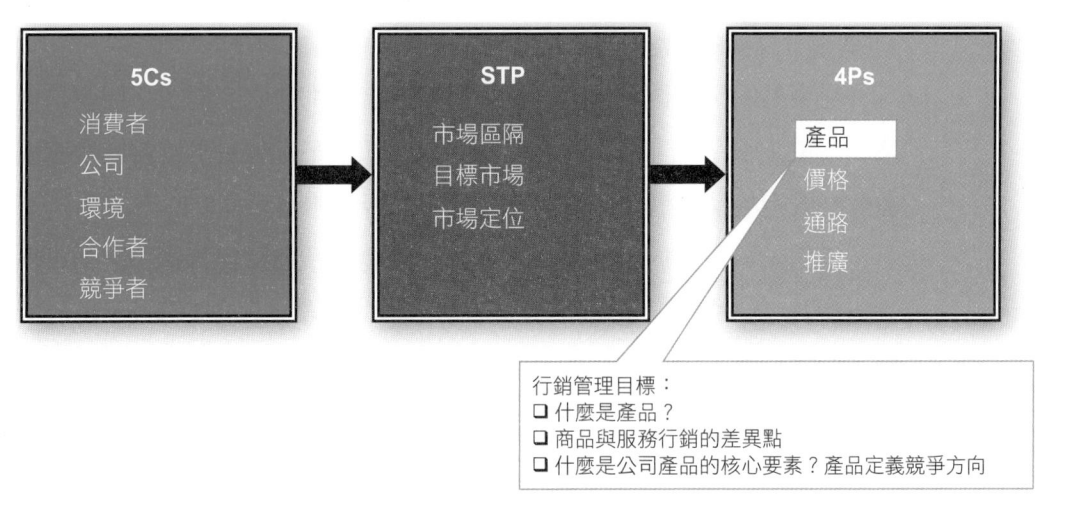

5Cs	STP	4Ps
消費者 公司 環境 合作者 競爭者	市場區隔 目標市場 市場定位	產品 價格 通路 推廣

行銷管理目標：
- 什麼是產品？
- 商品與服務行銷的差異點
- 什麼是公司產品的核心要素？產品定義競爭方向

行銷管理架構

6-1 什麼是產品？

「產品」（product）是行銷普遍用語。產品包含兩種型態：有形商品與無形服務，但行銷的原則都相同，行銷經理人需要瞭解並取悅他們的消費者，有時候，產品更廣泛的包含所有市場交易提供物。我們個別

討論產品、價格、通路、推廣，因為每一要素均須考慮清楚。

「產品」是 4Ps 的核心，最終目的是要消費者購買。以富豪汽車（Volvo）為例，安全是購買汽車的根本要素，Volvo 將此要素創造成產品特色，說服汽車購買者重視安全而購買 Volvo 汽車。在本章中，我們將區分商品與服務品質。

6-1a　市場交換

我們視行銷為一種交易，企業提供商品，消費者以金錢交換，消費者與企業用價值交換彼此所需，企業盡可能使產品更有吸引力，當然企業也有可能有意無意使產品缺乏吸引力。行銷交易衍生幾個問題：首先，消費者要什麼？部分消費者尋求產品價值且價格低廉；同時，也有消費者追求高品質商品。對於特定的產品或產業，價值和品質如何定義？再者，部分消費者追求產品特定屬性，消費者需求的深入討論將在本書第 15 章中予以闡述。

從交易的另外觀點來看，公司是否適合提供消費者需求？什麼是企業的價值主張？企業的市場定位和憧憬是什麼？定位是否恰當或能產生盈餘？既定的消費者輪廓是什麼？公司是否能夠滿足他們的需求？

行銷人員致力於如何將短期導向交易變成長期關係行銷。因為「得到新消費者的成本，是保留舊消費者成本的六倍。」重複購買，始於消費者的滿意和忠誠，這樣的互助關係有助於建立消費者關係管理，行銷人員將商品和服務結合，以便強化消費者關係。

6-2　商品與服務差異

有些行銷人員認為，行銷商品與服務極大不同，但也有人說「行銷就是行銷」，不論你是行銷水煎包或是行銷健康檢查，我們都將在本章討論雙方論點。從相同點，更易於瞭解。然而，行銷商品與服務也有許多戰術上的差異，甚至在觀念和策略亦有些不相同，我們將從行銷意涵中，說明商品與服務對於行銷人員的差異。

6-2a 無形性

行銷人員認為，商品與服務是一種連續關係，如圖 6-1 所示，有些產品看起來似乎就是純粹商品（如襪子、寵物飼料）；有些服務看起來就只是純粹服務（如理財投資、歌劇）；但是也有些產品看起來似乎吻合兩者（租車）。其中關鍵在於購買標的物是否具有**有形**（tangible）內容，例如，當你購買衣服時，你會將一個有形的產品帶回家；如果你去欣賞一場交響樂，享受美好的交響樂章，回到家後，好像一個人感覺都不一樣了。但是這樣的改變，旁人不一定可以察覺；或者是諮商服務，你得到了建議，但諮商完全是無形的。

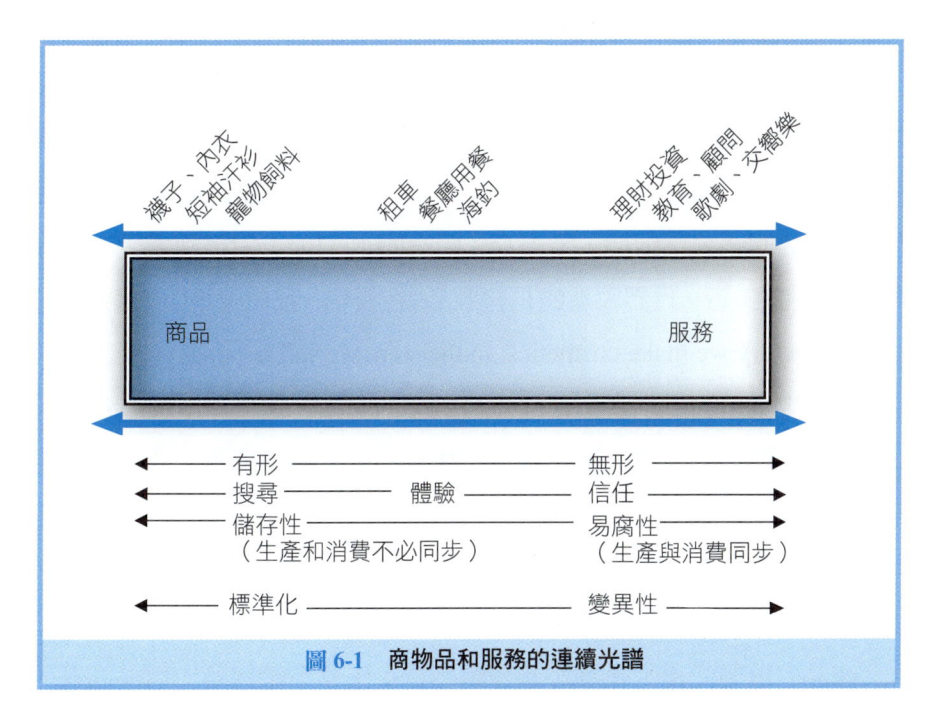

圖 6-1　商物品和服務的連續光譜

交響樂表演，是一種體驗行銷（experience marketing）。體驗是服務的主要部分，就是讓消費者能充分體驗，舉例來說，主題零售商，如 Build-a-Bear，盡可能提供購物和玩樂體驗；太陽馬戲團（Cirque du Soleil）承諾，不只是馬戲團和雜耍表演，而是獨一無二的體會；MotorTrend.com 提供虛擬的駕車經驗給潛在的購買者，讓他們可以體會汽車性能。

6-2b　搜尋、體驗與信任

從商品到服務的連續關係，源於購買過程中搜尋體驗與信用。搜尋（search）指的是購買前評估產品特色，買家可以瞭解競爭者的商品特色。例如：你去百貨公司買一雙襪子，購買之前，你可以瞭解你是否喜歡，再決定購買與否，你可以看看顏色、價格、材質，立刻想像穿在腳上是否舒服。

體驗（experience）來自產品試用或購買經驗，所以如果朋友推薦一家餐廳，你可能相信你的朋友而喜歡這家餐廳。但這不是你親身的經驗，你要評斷是否滿意，就必須親自體驗餐廳的氛圍、服務、親自品嚐食物料理、付帳單等。

最後，信任（credence）程度是最困難評斷的，即使消費完了也是如此。舉例來說，當你離開醫療診所，你是否覺得症狀改善？有時候信任不只是相信，而是一種希望。例如，我們希望技工修好我們的車，且不要有新的問題，查爾斯·雷夫森（Charles Revlon）對這種感受有很好的詮釋，「在工廠，我們製造的是化妝品；在賣場，我們則是販售希望。」（In the factory we make cosmetics; in the store we sell hope.）

對於專業服務提供者，信任是最重要的元素，他們逐漸接受行銷可以協助拓展他們的事業，行銷諮詢可以幫助確認開店位置，或如何吸引新的消費者，行銷的建議可以協助營造專業的表現和環境。行銷人員可以運用消費者體驗說明會，拓展商業版圖，越來越多專業學校（醫學、牙醫、建築）提供行銷相關課程，增加工作技巧。

商品的重要元素，是搜尋和體驗品質；服務則是體驗與信任品質。這樣差異導致不同行銷意涵。舉例來說，比較容易為一雙襪子定價，卻不容易評估諮詢建議的價值，消費者也比較容易決定購買襪子，勝於尋求諮詢建議。因此，諮詢人員需要採取行銷技巧，相信他們的建議與服務品質優於其他人。

值得注意的是，商品銷售不一定比服務簡單。汽車工業影響美國和全球經濟巨大，汽車是高度複雜產品。筆記型電腦、耐用財、飛機、醫療設施，都是有形商品，但卻複雜；相反地，有些服務，像餐廳、飯店、信用卡服務，相對簡單、標準化採購。

6-2c　易腐性

服務不同於商品，原因如下：服務是**生產與消費同時發生**，然而，商品生產後，儲存於通路倉庫；大部分的服務，則必須在客人面前完成。舉例來說，理髮師必須與你共同完成髮型設計；生產與消費者無法分割，服務無法儲存，當一架商務客機起飛後，留下的空位無法在需求旺季時販售；時間的無彈性，亦影響服務產出，舉例來說，如果你是一個稅務顧問，五月的時候是最忙的一個月，你不可以把這樣的工作量在一月先做完，更何況五月也沒有三十二天。

生產與服務的不可分割性，使服務提供者和消費者之間產生互動。舉例來說，談話性節目主持人與現場來賓不斷互動產生娛樂效果，每一場次都可能會有不同的娛樂體驗，現場互動隨著環境、社會背景而有所不同。不過，行銷人員仍可利用管理觀念，如即時傳送系統或生產模組化，改善不確定需求。

6-2d　變異性

商品和服務最後一個不同是，服務具有較高的**變異性**（variable）。商品的製造商可以將品質標準化，而對於服務提供者，每次體驗可能都有些許差異，服務品質的異質性原因複雜，不僅是服務提供者與服務接受者之間的互動，也受制於服務環境等其他因素影響。

自助服務，廣泛被運用在許多的產業，如銀行、機場報到、重複處方箋等等。當消費者與機器互動，服務的便利性就會經由標準化的設備而降低，但是服務變異性可以衍生客製化服務，亦可強化消費者滿意度。自動化服務是為了降低服務便利性帶來的失誤，但也往往無法讓消費者有驚喜的感覺。或許最廣泛與最成功的自助服務是線上購物。夜貓族可以深夜 3 點在家購買他所需要的商品，從選擇購買到付款，不需與銷售人員互動，科技和標準化的優點是，雖然偶爾網站出現問題，但不會怠工，線上購物結合有形商品與無形服務。

6-2e　商品與服務其他特性

無形性、不可分割性和變異性，是商品與服務根本差異。以連續性的觀點看待商品與服務，有助於掌握交易過程與消費者關係管理，消費者購買牙膏，也希望牙膏能增加他們的魅力。

6-3　企業核心產品

在現在的購物環境中，商品與服務缺一不可。許多的購買標的物都是經過加工，加工就是一種加值服務，加值服務經常是重要的競爭力，我們應該審視事業中的核心產品與加值服務。區分這兩者因素，亦可協助我們增加競爭力。圖6-2以飯店業為例，提供睡覺設備、清潔、安全，以上可能都是核心產品，這些都是基本需求，盡可能提升品質；但對於消費者來說，這是選擇飯店的基本要求，加值服務往往是與其他飯店決勝之處，這些加值服務可以是快速報到入住、鬆軟的床、出自名家衛浴設備、貼心管家服務等等；換句話說，就是滿足消費者更高的需求層次。

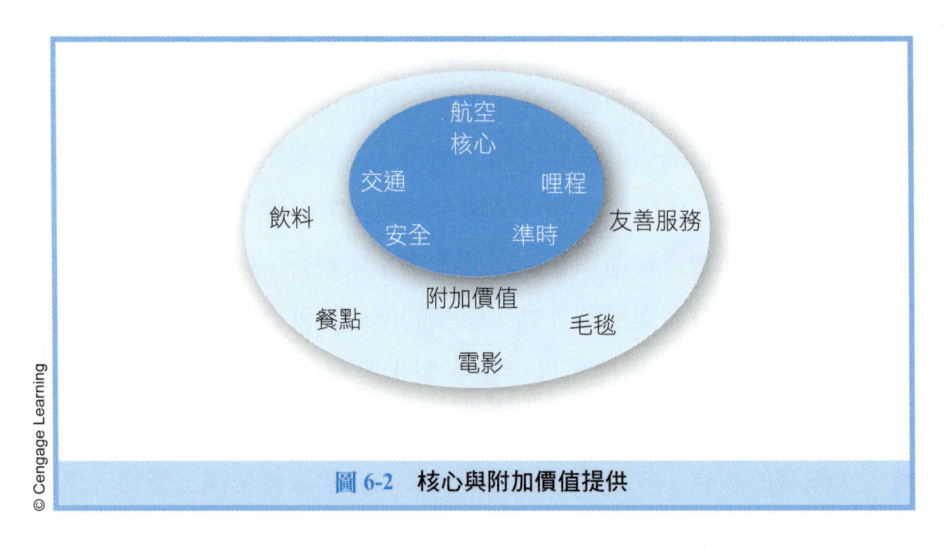

圖6-2　核心與附加價值提供

當我們討論消費者滿意時，就會發現核心產品和附加價值服務的差異──核心要素，都是消費者預想得到的，所以做得好的企業也無法因此獲得消費者的青睞，而他們也不會告訴朋友有多棒的使用經驗；但是如果核心要素表現不佳，消費者一定會宣洩他們的不滿意。相反地，行銷人員可以經由附加價值服務影響消費者滿意程度，企業亦可以附加價

值服務作為競爭武器。舉例來說,星巴克咖啡以服務和客製化飲品選擇出名,當然它們也提供傳統的美式咖啡,有時候不容易區隔核心產品與加值服務;企業若誤判核心商品為加值服務,就無法取悅消費者;若企業營運平穩時,不至於產生問題;但若經營環境改變(有競爭力的新進入者),就很容易產生營運上的困境,等到察覺時消費者早已遠離。

6-3a 動態策略

核心商業模式改變,通常是產業改變或公司的能力改變。舉例來說,維多利亞的祕密(Victoria's Secret)服飾銷售,約佔公司營收70%,但現在它的產品有70%是美妝產品,當生產和銷售改變,調整的問題就出現:我們的商業經營目標是什麼?什麼樣的產品利益,是我們要提供給我們消費者的?誰是我們的競爭者?如果Victoria's Secret認為,它是主要的女用內衣供應商,它的競爭對象就是百貨公司裡的內衣品牌,如果它認為自己是美妝商品的供應商,則它的競爭對象就是百貨公司裡的化妝專櫃。

充滿無限商機的運動產業,我們區分核心服務是球賽,加值服務就是現場觀球的體驗,或經由電視或線上收視體驗,場內球隊間競爭、場外行銷人員與其他的娛樂活動競爭。

定義企業核心事業,如同企業使命。當一家公司說:「我們是廣告代理商。」應該更清楚地說明:「我們可以協助整合消費者網路互動,並鎖定網路行銷活動的廣告代理商。」

圖6-3消費者廣泛的定義企業的競爭者,因此品牌經營不可太過窄化定義自己的競爭對象,豐田(Toyota)的Prius可能與其他品牌的油電車、純汽油燃料車競爭,但也有可能與公車路線同時競爭。

6-3b 產品線:寬度與深度

如果我們擴大範圍到公司產品組合,產品相關議題會變得更複雜。產品混合包含數個產品線,產品線間彼此的廣度與深度亦不相同。從圖6-4中,我們可以發現,一家美髮沙龍提供護髮產品有許多不同選擇,它雖然沒有寬度卻有深度,若和一般的零售業者Costco和Walmart相比,則提供更多的產品線,但較淺的選擇。

Marketing Management

行銷管理

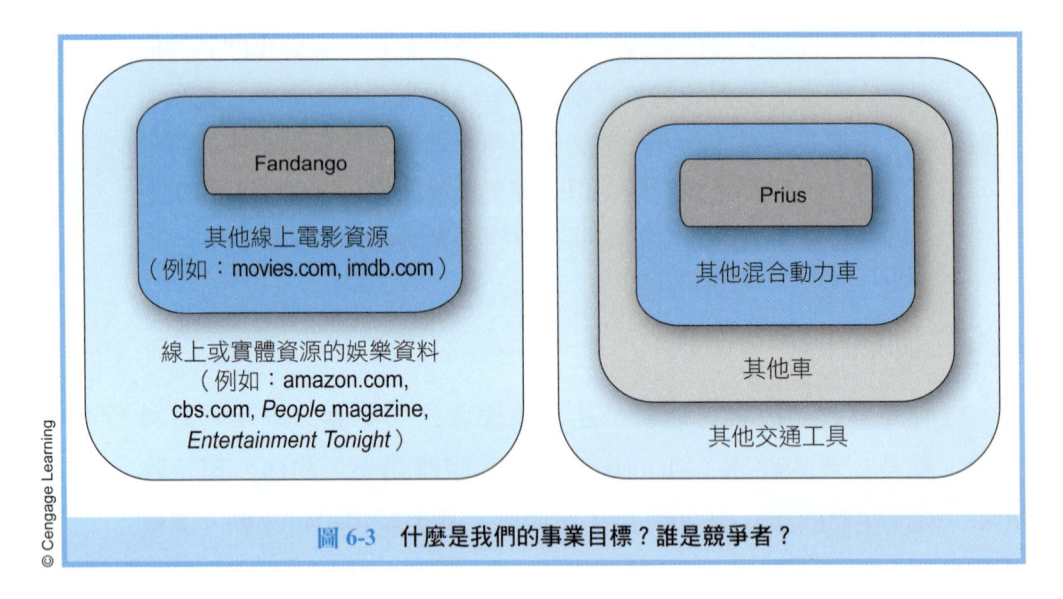

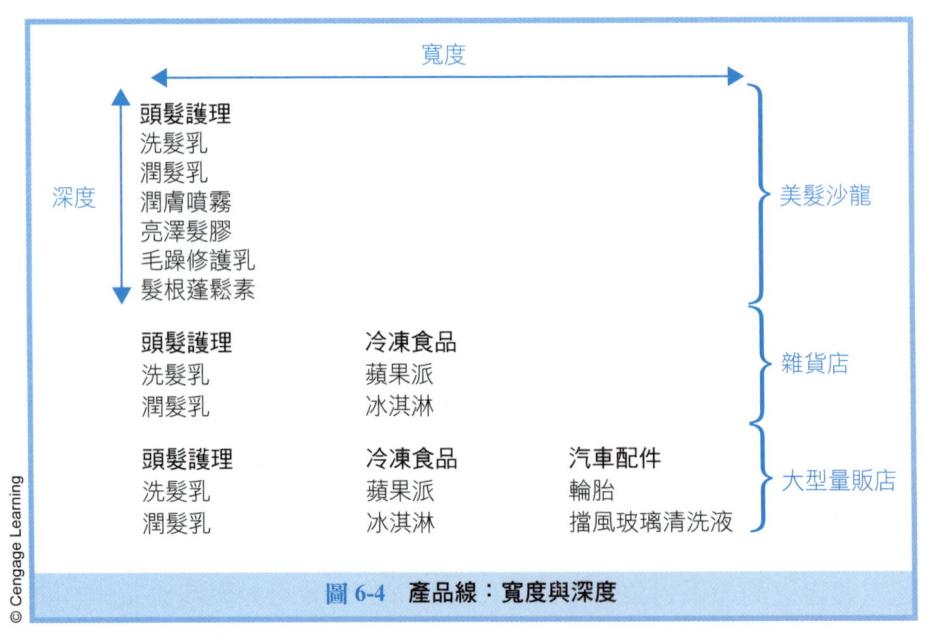

```
┌─────────────────────────────────────────────────────────┐
│  ┌──────────────────────────┐  ┌──────────────────────┐ │
│  │      ┌──────────┐        │  │     ┌──────────┐     │ │
│  │      │ Fandango │        │  │     │  Prius   │     │ │
│  │      └──────────┘        │  │     └──────────┘     │ │
│  │    其他線上電影資源        │  │    其他混合動力車      │ │
│  │   （例如：movies.com,     │  │                      │ │
│  │      imdb.com）           │  │                      │ │
│  │                          │  │      其他車           │ │
│  │  線上或實體資源的娛樂資料   │  │                      │ │
│  │   （例如：amazon.com,     │  │                      │ │
│  │   cbs.com, People magazine,│ │     其他交通工具       │ │
│  │   Entertainment Tonight）  │ │                      │ │
│  └──────────────────────────┘  └──────────────────────┘ │
└─────────────────────────────────────────────────────────┘
```

圖 6-3　什麼是我們的事業目標？誰是競爭者？

```
                      寬度
        ←───────────────────────────────→
深度 ↕   頭髮護理                              ┐
        洗髮乳                                │
        潤髮乳                                │ 美髮沙龍
        潤膚噴霧                              │
        亮澤髮膠                              │
        毛躁修護乳                            │
        髮根蓬鬆素                            ┘

        頭髮護理      冷凍食品                  ┐
        洗髮乳        蘋果派                   │ 雜貨店
        潤髮乳        冰淇淋                   ┘

        頭髮護理      冷凍食品      汽車配件     ┐
        洗髮乳        蘋果派        輪胎        │ 大型量販店
        潤髮乳        冰淇淋        擋風玻璃清洗液 ┘
```

圖 6-4　產品線：寬度與深度

　　品牌經理的責任是，指導產品線經理管理整體產品組合。產品線需要被修飾或補充，基於消費者需求改變，這些調整也須參酌經濟景氣與競爭環境。產品多樣化，亦是投資多樣化，畢竟品牌也是一種投資。圖 6-5 說明不同市場延伸方法，左邊的兩個情境說明了一家公司專注於特定的消費者，提供一種或多種的產品，以滿足此消費者需求。

圖 6-5　產品線策略

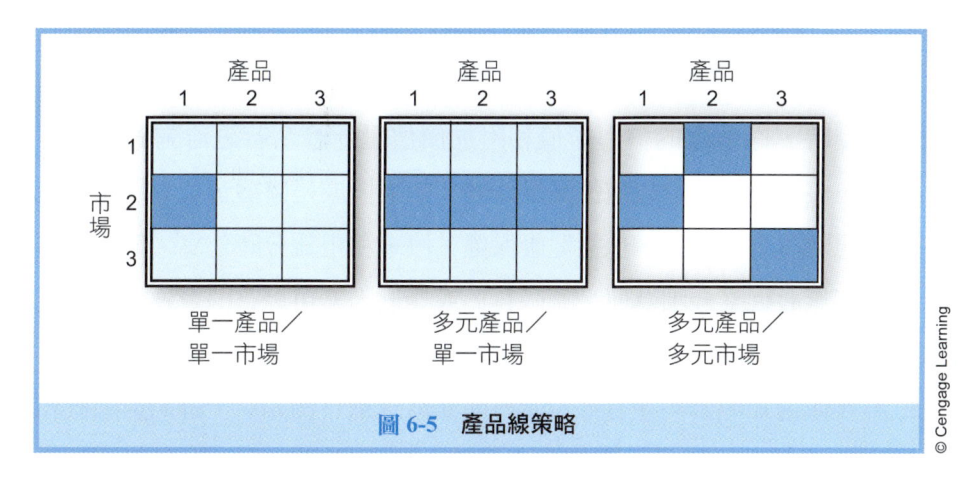

（單一產品／單一市場；多元產品／單一市場；多元產品／多元市場）

　　右邊的圖說明，一家公司嘗試提供多種產品給不同消費者，這個策略較無效率，因為無法充分利用公司的消費者與產品資訊，開創新的產品或新市場，應考慮公司目前所處的定位或品牌是否具有優勢。

行銷管理實務個案討論

餐飲業的新菜單開發

　　一家大型連鎖餐飲事業「和風」餐廳在 2008 年金融風暴下，正面臨著食材成本高漲、消費力下降、協力廠商成本轉嫁、外商餐廳侵吞市場等的多重壓力下，如何進行新菜開發。個案描述一個菜色研發後的跨部門會議過程，瞭解實際的新菜開發時所可能衍生出的管理問題，管理者如何對六道新菜進行評估，並回報總經理。

（資料來源：財團法人商業發展研究院。）

問題討論

1. 理髮時，你考慮的核心價值和附加價值是什麼？若是洽詢顧問諮商時，核心價值和附加價值又是什麼？如果換成是購買音樂唱片呢？
2. 考慮購買下列產品，包括健康保健、汽車和租賃分時公寓。他們的有形和無形因素分別為何？哪些有形或無形因素可以讓消費感到滿意或是不滿意？
3. 許多傳統知名公司在有形資產方面非常卓越，例如，全錄的影印機和 IBM 的電腦，如果他們宣告自己是一家服務型公司，你是否同意？這些公司需要什麼樣的宣告才能定位自己是一家服務公司，例如，特定的事業百分比、策略或是使命？你會相信上述公司的宣告？

CHAPTER 7

品牌定位

本章大綱

I 品牌是什麼？
　a. 品牌名稱
　b. 標誌與顏色
II 為什麼要有品牌？
III 什麼是品牌聯想？
　a. 品牌個性
　b. 品牌社群
IV 什麼是品牌策略？
　a. 單一品牌與家族品牌
　b. 品牌延伸與聯合品牌
　c. 全球化品牌自有
　d. 品牌
V 品牌資產

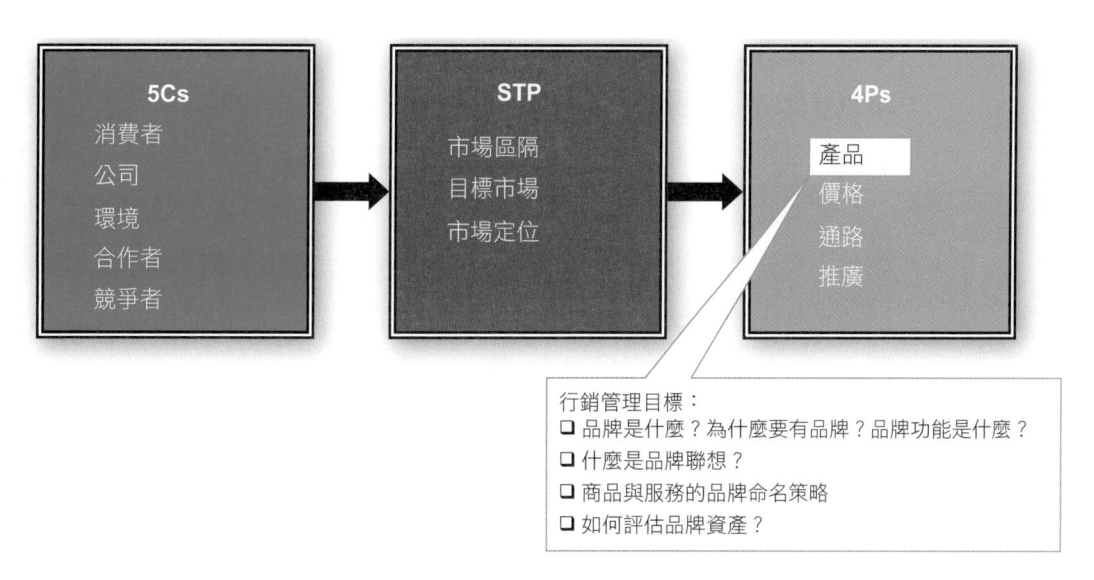

```
┌─────────────┐     ┌─────────────┐     ┌─────────────┐
│    5Cs      │     │    STP      │     │    4Ps      │
│  消費者     │     │  市場區隔   │     │  產品       │
│  公司       │ ──► │  目標市場   │ ──► │  價格       │
│  環境       │     │  市場定位   │     │  通路       │
│  合作者     │     │             │     │  推廣       │
│  競爭者     │     │             │     │             │
└─────────────┘     └─────────────┘     └─────────────┘
```

行銷管理目標：
☐ 品牌是什麼？為什麼要有品牌？品牌功能是什麼？
☐ 什麼是品牌聯想？
☐ 商品與服務的品牌命名策略
☐ 如何評估品牌資產？

行銷管理架構

7-1 品牌是什麼？

當你聽到蘋果（Apple）、微軟（Microsoft）、麥當勞（McDonald's）、漢堡王（Burger King）、勞力士（Rolex）和卡蒂亞（Cartier），你想到什麼？蓋璞（The Gap）和凡賽斯（Versace）如何執行品牌策略？品牌

很重要,所以我們必須知道如何操作。

行銷人員在乎品牌,因為品牌可帶來產品更多的價值與利益,品牌不只是一個名字,這個名字可以立即喚起特定的印象——像可口可樂(Coca-Cola)的曲線瓶,它的紅色標語,還有它的廣告。當品牌名稱開始使用時,公司會標示在特定的產品上,一個有好發展的品牌,有許多好的品質組合會與這個品牌名稱連結。

在公司的管控下,第一個品牌聯想就是品質,產品的外表和它的包裝可以與眾不同,例如,像可樂瓶或 iPad。品牌標語是外表和標籤,有與生俱來的意義,當它們和品牌產生聯想時,就變成品牌的代名詞,例如,肯德基(KFC)的上校爺爺是國際知名印象。有一些品牌緊緊連結特定顏色,如 Target 的紅白標語。

品牌名稱及其他有形品質和其他品牌聯想要素,可以強化品牌的印象與市場認知,公司可以經由消費者的古典制約學習,建立品牌聯想,例如,廣告口號或代言人。當消費者進入商場時,這些容易記取的廣告用語就會出現在腦海中,例如,感冒用斯斯、全家就是你家。或是消費者因為景仰代言人,由此產生效法現象而購買商品。

其他的品牌聯想並非是由公司營造,但可能是現實生活的反射,例如,小時候媽媽使用雪碧製造汽水冰淇淋、每次打完球後與球友同享清涼的雪碧,或大學同學聚會中喝著雪碧閒話家常,公司盡可能營造正面的訊息,散播至市場中,引起消費者共鳴。

7-1a　品牌名稱

有些品牌名稱傳達特定的資訊,如 YouTube 記錄使用者愛現的本質;有些品牌名稱則直接透露產品利益,如 Home Depot。

很多公司的品牌名稱使用創辦人的名字,並非不好,只是缺乏行銷創意,而且無法直接聯想產品及公司特色。

7-1b　標誌與顏色

品牌名稱的意涵會隨著公司與消費者的溝通不斷累積,行銷人員教

育消費者品牌意涵和品牌標誌。品牌名稱在口語上吸引消費者；品牌標誌和包裝顏色則在視覺與感覺上吸引消費者，想看看 Google 的標誌有多麼的與眾不同，好的標誌顏色使消費者容易辨識品牌，圖 7-1 展示品牌標誌結合品牌名稱，並揭露品牌價值主張。如 NBA 圖樣，描繪籃球員；Subway 箭頭，影射它們服務的速度；紅牛（Red bull）幫助我們理解「機能飲料」。

公司幸運存活數十年，也需要不斷的調整，包括它們的標誌，圖 7-2 說明百事可樂（Pepsi）的標誌，隨著時間不斷演進，由左而右，從古至今，公司把品牌名稱和品牌標誌，視為一種簡略的市場溝通方式，傳達「這就是我們」。

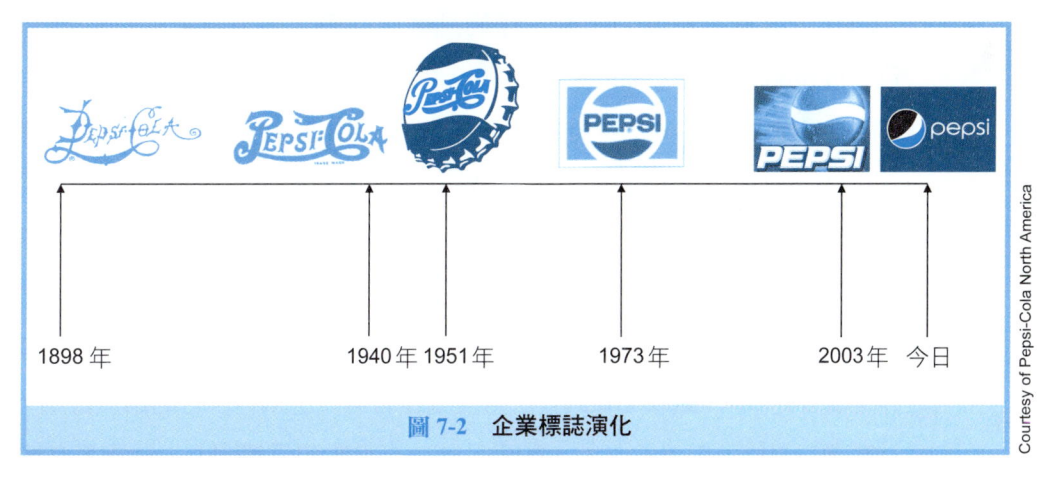

圖 7-1　品牌名稱與圖像如企業標誌

圖 7-2　企業標誌演化

7-2　為什麼要有品牌？

美國專利商標局每年通過申請品牌超過 10 萬件，所以有市場人士表示，美國人對於品牌的忠誠逐漸減低。面對品牌爆炸現象，企業漸漸

分散預算於多種品牌,加上市場品牌數量不斷上升,競爭者不斷競逐,顯示品牌的重要性更勝以往。

為什麼品牌會如此吸睛?品牌傳達(convey)產品訊息(information)給消費者,消費者可以透過品牌名稱辨識公司的產品與品牌商,例如,索尼(Sony)將商標嵌入DVD播放器、電視或筆記型電腦,亦即索尼Sony背書自己生產的產品,以自己的產品為傲,日積月累下,消費者逐漸認知Sony產品品質,認為Sony是好品牌,自然而然的,市場反映聲音,「Sony產品值得信賴」。

消費者品牌建立,可視為消費者最基本購買預測,如果品牌市場表現時好時壞,品質變異高,品牌很難建立消費者的普遍信賴。蘋果電腦(Apple)的系列商品,擁有許多蘋果迷,就是因為已在市場上建立起正向品牌認知與品牌信賴。

當品牌名稱是一個可依賴品質的保證時,消費者的購買決策就變得容易,當消費者認知好品牌時,產品選擇就變成低認知風險(less perceived risk),財務交易風險即可變動測量;同樣地,可信賴的產品表示產品的表現與消費者預期是一致的,產品可信賴是產品品質一致的訊號,歷經長時間消費者使用經驗,產品的表現很少變異,維持高品質。品牌是企業整體表現的函數,好的品牌產品表現與消費者期待並無二致,很多品牌代表著階級象徵,這也是為什麼購買名家手提包與手錶的理由,代表著獨一無二與流行象徵,當然,售價就不是那麼親民了。賓士(Mercedes-Benz)和寶馬(BMW)提供入門款的汽車給成功的年輕人,顯示他們現在的成就與地位,這樣的品牌名望來自於消費者自我想像。

消費者享受品牌的定義,其實就是企業經營品牌的獎勵。好品牌可建立消費者忠誠(induce loyalty)。重複購買有可能是未經思考的購買行為,消費者只是購買熟悉的品牌,如果品牌以高品質和信賴聞名,消費者自然而然會選購該商品,而不考慮其他品牌的商品。重複購買和真正的品牌忠誠,也可能是消費者用心體會後,喜歡上這個品牌,又再次購買。這樣的品牌,好像消費者獲得他們夢寐以求的產品屬性和特色,轉變成長期的支持與品質認知。

公司也樂見大部分的消費者願意支付高價（pay premium prices），取得產品價值，這樣的消費者有較低的價格敏感，他們願意以較高的價格取得比較好的商品，他們感謝喜歡的品牌，提供可信賴、高品質，而且能夠代表他們社會地位的產品。

公司亦可以運用不同品牌或品牌差異，滿足不同的市場區隔（market segments）。舉例來說，或許92%的Porsche911購買者，年約52歲且家戶所得超過三十萬美元；另一個車款Boxster的購買者，年紀較輕，約47歲左右，還包含30%的購買者是女性。不同的產品線，可以針對不同的消費者說服，使行銷策略更有效率。品牌名稱如何傳達品牌意涵，透露品質一致性，降低風險易於購買決策，形成消費者忠誠，成就品牌名望，和制定較高售價？品牌意涵是一系列消費者對品牌的聯想，這些品牌聯想有幾個來源：公司的廣告與溝通資訊，消費者對於品牌、公司和競爭者品牌的體驗，還有其他消費者提供與品牌相關的故事，這些都會形成消費者的品牌聯想。

7-3 什麼是品牌聯想？

品牌建立，從簡單可見的品質開始（品牌名稱、品牌標誌、顏色、包裝等等），更深層更有趣的品牌構面，包含無形的認知、消費者認知與情緒的連結，企業協助將目標消費者的意識與潛意識資訊，連結它們的品牌，品牌價值階層的底部是產品屬性，如顏色、大小、形狀、口味，往上一階層，這些產品特色變成產品利益，如桃紅色襯衫很討喜、隨身包鐵牛運功散是攜帶方便等等，產品利益比產品特色更抽象，情緒利益是更上一階層，且更抽象，如穿著桃紅色襯衫更具魅力、能取悅家人或朋友就是好餐廳等等。

策略上來說，具體的產品特色容易傳達說明，但它們也相對地容易被競爭者複製；較抽象的產品利益，對於消費者而言更有價值，對於公司更有競爭力，而且不容易複製。

品牌聯想的關鍵，在於如何連結消費者個人感受與品牌關係，舉例而言，想像一個中年男子，騎著哈雷機車對著自己說：「我酷斃了」（"I am so cool!"）品牌不只是消費者自我的延伸，同時表現消費者理想的（ideal）自我或追求的自我。品牌承諾，可以達成消費者渴望的形象，這種品牌渴望作用可以追溯於幼年時期同儕認同影響。

品牌也有其他社會功能，品牌偏好者會自動形成品牌社群，討論品牌特色與品牌意義，並宣揚品牌精神。

圖 7-3 說明品牌聯想網絡。網絡中的結點就是品牌聯想的要素，如品牌名稱（也可能是競爭者的品牌名稱）、品牌屬性和抽象利益，結點之間產生連結，表示消費者背景意識關係，黑色實線表示強連結關係。

此圖意指消費者腦海裡，記憶著許多品牌資訊，一旦聽到品牌名稱（如經由廣告），品牌聯想作用隨即被激發，以記憶來說，消費者最近最重要的滿意度會影響消費者的品牌態度，通常負面的記憶比正面的記憶影響更深遠。

當企業廣告強調一種產品利益，閱聽眾的知覺圖可能是很簡單的，例如富豪汽車 (Volvo)，強調安全重於一切，如果廣告訊息有說服力且正面，會與消費者的知覺圖產生連結，同時對訊息產生自我解讀，並與個人經驗共鳴，關於品牌連結與消費者記憶和態度的研究包含兩方面：品牌個性與品牌團體。

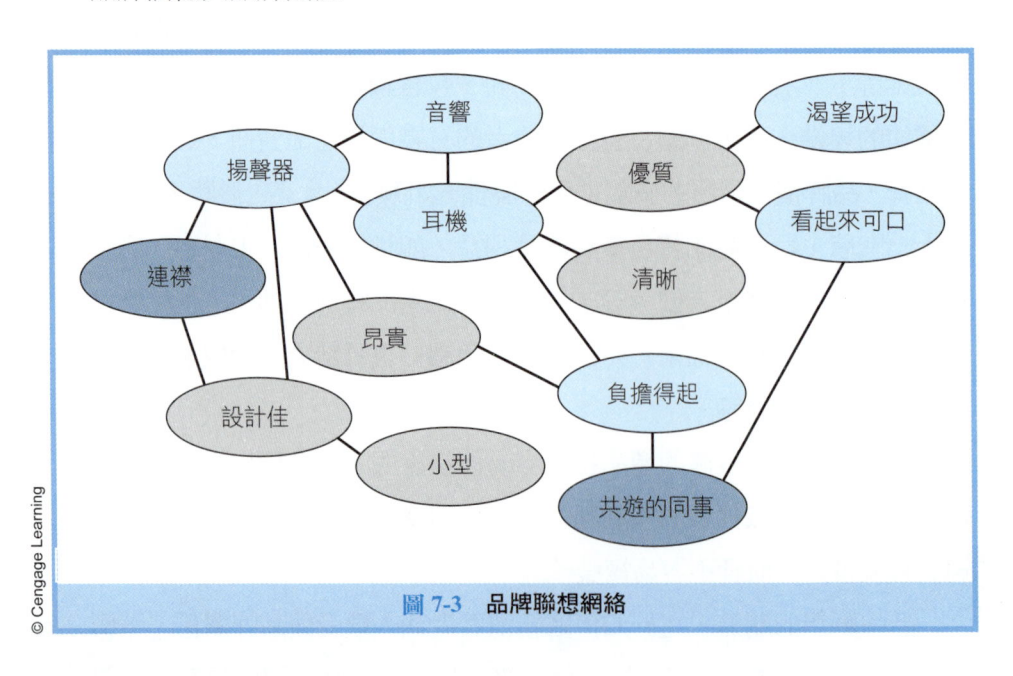

圖 7-3　品牌聯想網絡

7-3a 品牌個性

行銷人員連結消費者與品牌關係的方法之一，就是創立品牌個性（personality），任何一個成功的品牌都有其獨特品牌的個性，圖 7-4 說明五種不同品牌：

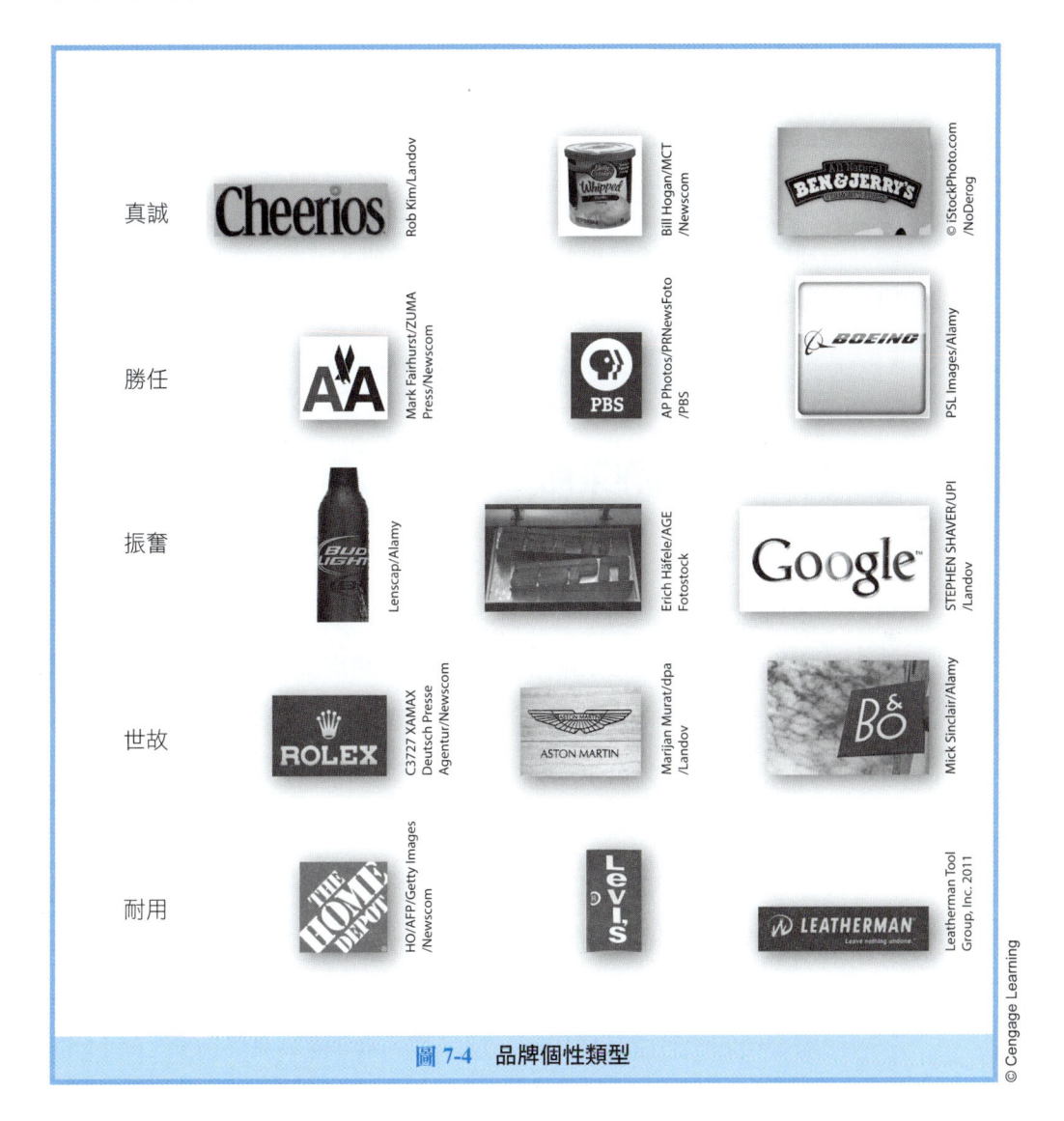

圖 7-4 品牌個性類型

真誠、勝任、興奮、世故和耐用。品牌個性包含所有品牌認知與品牌定位資訊，品牌個性組合不僅要比競爭者好，而且要有差異，如果品牌的特定個性與消費者認知共鳴，表示品牌達到特性化，足以證明品牌與行銷策略成功；相反地，若無法達到上述結果，行銷經理人應考慮重新定位品牌。

7-3b 品牌社群

有些消費者熱衷於他們所愛的品牌，樂意與同好互動，形成所謂品牌社群，例如樂高（Lego）和數獨（Sudoku）吸引在知識上的共同體驗，至於迪士尼和星巴克則是更強調在情感上的共鳴，詳如圖 7-5，現代科技環境提供品牌社群發展更有利的環境，目前行銷人員仍無法完全掌握品牌社群活動與發展。

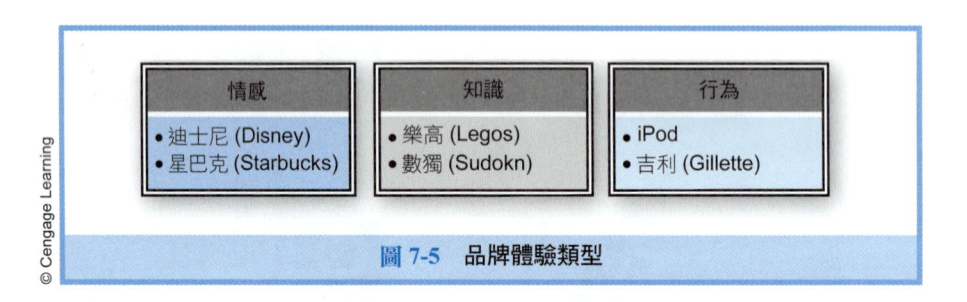

情感	知識	行為
• 迪士尼 (Disney) • 星巴克 (Starbucks)	• 樂高 (Legos) • 數獨 (Sudokn)	• iPod • 吉利 (Gillette)

圖 7-5　品牌體驗類型

7-4　什麼是品牌策略？

企業須從整體行銷策略，回應幾個重要建立品牌的問題：(1) 公司想發展多品牌策略，還是單一品牌策略？(2) 品牌延伸、產品線延伸、聯合品牌的目的是什麼？如何決定與平價品牌資產？如何操作品牌全球化？什麼是自由品牌的角色？

7-4a 單一品牌新家族多品牌

大部分的企業一開始都以單一產品行銷於市場，品牌名稱可能就是公司名稱，當公司提供的產品越來越多時，就必須思考：每一個新產品都適合與公司名稱相同嗎？或新品牌名稱可連續使用到下一個產品嗎？

一家公司的所有產品使用同一個品牌名稱，稱為品牌雨傘（umbrella branding）。有許多例子，諸如：Honda 的產品有汽車、摩托車、割草機，都以 Honda 命名；Nike 有運動鞋、運動內衣和其他運動商品；惠普（HP）、佳能（Canon）、奇異（GE）等例子，都是使用相同品牌策略。

相反地，品牌家族（House of brands），就是公司的每一個產品在市場上都使用一個品牌名稱。寶鹼（Procter & Gamble）就是一個有

名的品牌家族例子，大約有超過八十種的品牌，包含 Crest、Gillette、Hugo Boss、Ivory、Tide 等等，眾多品牌之間，各自運作市場策略，吸引消費者。在 B2B 領域的 DuPont，也使用相同的品牌策略。

每一個品牌策略，都有其優點與缺點。品牌雨傘，可以使新產品快速讓消費者瞭解與接受；品牌名稱，可以對新產品產生遞延效果，新產品線很快就可以得到市場的知名度。另外，兩個產品使用同一個品牌名稱，會重複品牌聯想，因此新產品分享原來產品的正面聯想，卻不利於產品的市場認知。

相反地，品牌家族的多品牌策略，品牌之間產生問題並不會產生負面的相互影響。品牌獨立的另一個優點是，各自產品品牌可以滿足不同市場區隔。舉例來說，Marriott 的品牌組合，有 Courtyard、Fairfield 和 Ritz，各自滿足不同市場消費者需求。

實證資料顯示，品牌雨傘策略比品牌家族策略有較好的財務結果。其中一個理由是，可以減少成本支出，如品牌家族策略需要更多的廣告預算，才能建立多品牌資產。然而，品牌雨傘策略的廣告效果與所有產品分享。另外，品牌產品之間並無必然相關，對於品牌雨傘而言，可強化消費者的品牌態度，也就是增強品牌忠誠。

7-4b 品牌延伸與合作品牌

品牌延伸（brand extensions），是策略運用品牌資產於新產品中。品牌名稱可以深化產品線，稱為產品線延伸（line extensions）或品牌；可以跨產品種類延伸，稱為產品類延伸（product category extensions）。

圖 7-6 說明品牌延伸的寬度與深度。垂直方向，延伸提供核心產品種類多樣化；水平方向，延伸產品類別。

聯合作品牌（cobranding）是指兩公司共同合作創造一個新產品，最為人熟知的例子是電腦產業的"Intel inside!"。兩家公司共享產品市場成就，越來越多產業製造供應鏈採取這樣的合作模式或運用於產業競爭策略，利用公司的個別專業與優勢，達到一加一大於二的合作目標，是聯合作品牌重要的誘因。

7-4c 品牌全球化

什麼是全球品牌？全球品牌是什麼？至少 30% 的品牌營收來自於不同國家，就是全球品牌。如何操作全球品牌？有些企業會在不同國家使用不同品牌名稱，稱為全球製造本土品牌，亦稱品牌全球化；有些企業則會在所有國家市場使用相同品牌名稱，類似於品牌雨傘與品牌家族觀點。品牌雨傘策略，可取得較多優勢。

真實的全球品牌會使用同一個品牌名稱與品牌標誌，同時在全世界的大部分市場都可取得該品牌商品，例如：Google.com、Amazon.com。嚴格來說，真實的全球品牌是在全球市場尋求獲得相同區隔的消費者和維持相同市場定位。

如果公司希望在不同市場，服務不同消費者區隔，會傾向於使用不同的品牌名稱，因為產品認知受到文化、習慣、生活背景而有所不同。

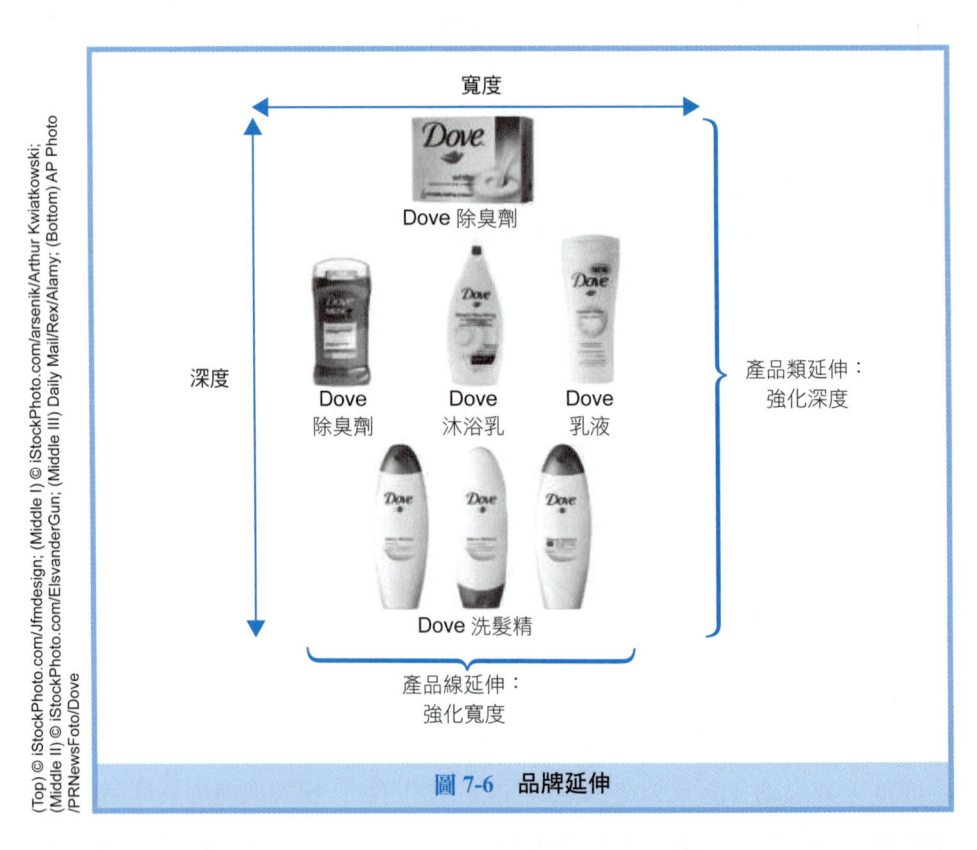

圖 7-6　品牌延伸

解構品牌延伸

電影首集《汽車總動員》（Cars）

成功創造成功…過多？
等等…還不止如此？

電影續集《汽車總動員二》（Cars 2）

電玩　　　大富翁　　　玩具車

等等，還有更多…

迪士尼電影《汽車總動員二》合作廠商

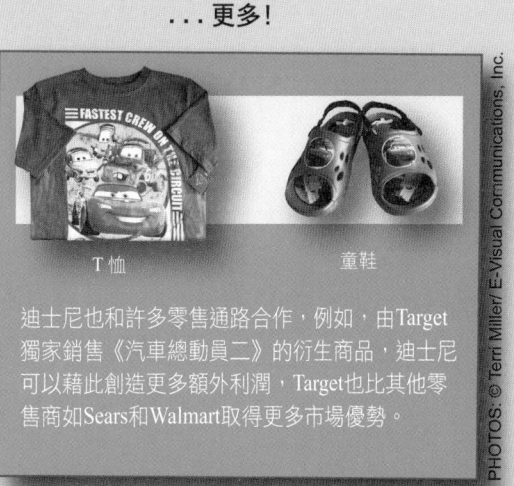

迪士尼透過聯合品牌和許多協力廠商合作，藉此達到行銷綜效，包括GoGurt乳酪、Juicy Juice果汁、Band-Aids OK繃、Kellog玉米片等。

…更多！

T恤　　　童鞋

迪士尼也和許多零售通路合作，例如，由Target獨家銷售《汽車總動員二》的衍生商品，迪士尼可以藉此創造更多額外利潤，Target也比其他零售商如Sears和Walmart取得更多市場優勢。

7-4d 自有品牌

自由品牌的角色是什麼？傳統上，對於自由品牌的觀念是比較便宜，與其他產品並無太大差別。大部分的消費者，在一些產品類別上傾向於價格敏感。我們在意的產品類別就會顯得比較不敏感，然而，部分的消費者似乎對許多產品都有價格敏感傾向，自由品牌應運而生。

消費者節省成本，並不是唯一購買自由品牌的原因，有些零售商也會提供議價的自由品牌，例如：Safeway 的 Eating Right、Target 的 Archer Farms 和 Costco 的 Kirkland Signature，這些高端或專賣的產品被定位為值得購買的優質商品，所以價格較高，零售商也會提供還不錯的品質，但比較低價。因為部分成本降低，對於消費者而言，自由品牌就是一種品牌，外觀上並無二致，心理上會認為，如果是一個品牌就應該有好的品質。

零售商運用大量自由品牌價格與策略、通路優勢，影響消費者購買它們的自由品牌，因此品牌商使用第二品牌進行價格競爭，以便贏得價格敏感消費者。

7-5 品牌資產

圖 7-7 顯示《美國商業週刊》(*BusinessWeek*) 所列舉的標竿品牌，包含美國與非美國前二十大品牌，這些品牌有什麼共同特徵呢？這些排名使用 Interbrand 的方法調查。這個排名如何決定？勞斯萊斯 (Rolls-Royce) 以六千萬美元賣給 BMW，這個價格是如何計算？品牌評價的基本想法，就是盡可能用財務語言轉換為品牌價值，這些計算數字有些來自公部門的年報，有些則是來自於消費者問卷調查資料，還有一些是公司的財產報告，這就是 Interbrand 的品牌價值計算方式。

Interbrand 調查公司的整體價值，減去有形和財務資產，就是品牌價值，詳細計算方式如圖 7-8 所示。

強勢品牌帶來可觀的財務報酬，而且有較低的風險，品牌可以讓公司有更好的財務表現，行銷提升品牌價值。

美國品牌
- 可口可樂（Coca-Cola）
- 蘋果（Apple）
- IBM
- 谷歌（Google）
- 微軟（Microsoft）
- 奇異（GE）
- 麥當勞（McDonald's）
- 英特爾（Intel）
- 迪士尼（Disney）
- 好市多（Costco）

非美國品牌
- 三星（Samsung）
- 豐田（Toyota）
- 賓士（Mercedes-Benz）
- BMW
- 路易威登（Louis Vuitton）
- 諾基亞（Nokia）
- 本田（Honda）
- H&M
- 思愛普（SAP）
- 宜家家居（Ikea）

圖 7-7　標竿品牌

	算式	金額
a. 銷售淨額	$25,000,000	
b. 營業利潤		$7,000,000
c. 營業稅	25% × b →	− 1,750,000
d. 有形資產	$12,500,000	
e. 報酬率	6% × b →	− 750,000
f. 無形資產		$4,500,000
g. 品牌貢獻		
h. 品牌利潤	40%*	
* 依照不同產品類別	g × f	$1,800,000

圖 7-8　Interbrand 品牌價值評估

行銷管理實務個案討論

供應鏈管理──貨暢其流

　　Y 集團從童裝的設計、製造、生產與行銷，成立童裝連鎖名店，市場遍佈台灣、中國大陸、美國、加拿大、日本及東南亞。商品部面臨新光三越連鎖百貨公司週年慶活動，正／拍品分配、運送物流問題傷腦筋，邀集相關部門同仁討論，集思廣益，擬訂對應策略。共有七處專櫃分別在先後進行週年慶活動，正品數量約有一萬件，拍品數量約有八千件，活動商品有限，活動時間緊迫，該如何公平配銷各連鎖專櫃。

（資料來源：財團法人商業發展研究院。）

問題討論

1. 你最喜歡的品牌是什麼（為什麼）？你最討厭的品牌是什麼（為什麼）？
2. 哪些品牌個性最能描述你？你畢業的商學院？你喜歡其中哪些形象？你希望改變哪些形象可以讓你更好（你會怎麼做）？
3. 上網閱讀一下 Interbrand.com 採取何種研究方法進行品牌評價。你如何改善上述方法和衡量方式用來評價品牌權益？

CHAPTER 8

新產品定位

本章大綱

I 新產品的重要性
II 如何針對消費者發展新產品？
  a. 產品發展概念
  b. 行銷企畫
  c. 產品概念發想與市場潛力
  d. 產品概念測試、設計與發展
  e. 產品測試
  f. 產品上市
  g. 什麼是產品生命週期？
  h. 創新擴散
III 新產品與品牌延伸的行銷策略
  a. 市場成長策略思考
IV 市場發展趨勢

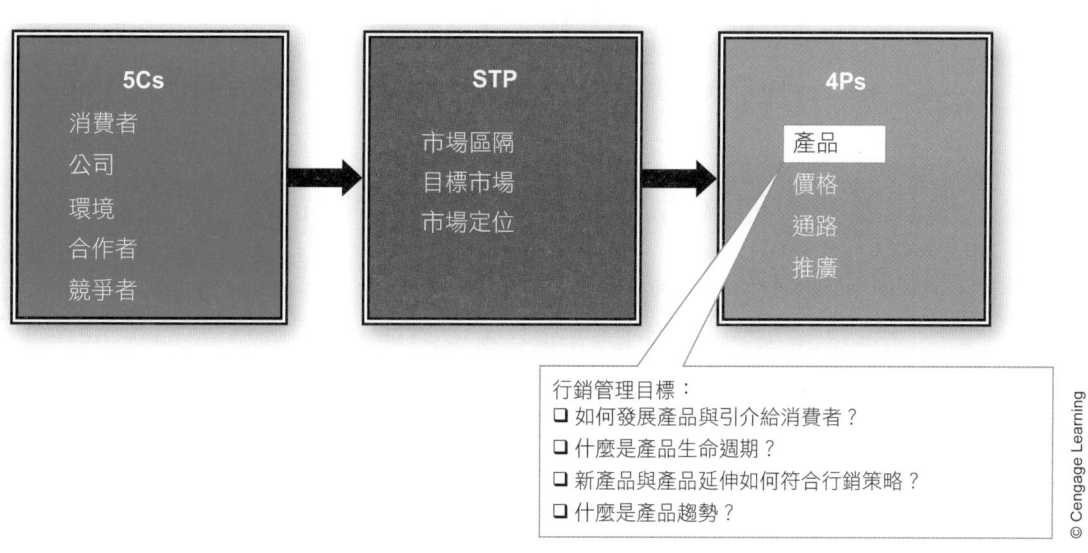

```
┌─────────┐    ┌─────────┐    ┌─────────┐
│  5Cs    │    │   STP   │    │  4Ps    │
│ 消費者   │ →  │ 市場區隔 │ →  │ 產品    │
│ 公司    │    │ 目標市場 │    │ 價格    │
│ 環境    │    │ 市場定位 │    │ 通路    │
│ 合作者   │    │         │    │ 推廣    │
│ 競爭者   │    │         │    │         │
└─────────┘    └─────────┘    └─────────┘
```

行銷管理目標：
❏ 如何發展產品與引介給消費者？
❏ 什麼是產品生命週期？
❏ 新產品與產品延伸如何符合行銷策略？
❏ 什麼是產品趨勢？

行銷管理架構

8-1 新產品的重要性

市場到處都是創新與改良商品，為什麼？消費者喜歡使用新產品的樂趣、企業員工享受創新產品的樂趣，還有創新產品增加公司的收入。

企業就像人一樣永無休止的演進。企業的改變主要路徑，就是創新與改良（improve）商品，贏得消費者青睞，企業改善目前商品的理由，是延續傳統商品的優勢，保有創新形象，努力滿足消費者或吸引新消費者，或擊敗競爭者。公司推出新（new）產品，超越目前產品組合與獲利，顯示比對手更有競爭力，企業如何提升競爭優勢與技術優點？企業如何經營新市場？

改變是企業無法避免的經營課題，總體經營環境不斷變化，人口統計資料顯示，市場與消費者對於新產品（不同產品）需求的趨勢。

改變是好事，新產品會增加企業長期的財務表現和企業價值。

改變是有趣的！消費者迫不及待擁有明年的新款汽車、消費者渴望流行商品、期待每一個新季節的來臨、影迷迫不及待地等到星期五的來臨。從行銷經理的觀點，執行新的計劃令人興奮；提供市場新產品，等待消費者的反應，令人感覺振奮。

在本章中，我們將討論新產品的發展過程與產品生命週期的發展階段，不斷審查市場策略與保有具有產品競爭力的產品組合。

8-2 如何針對消費者發展新產品？

企業設計新產品的方法各不相同，有些公司醉心創新，有些則公司相形保守，謹守跟隨者市場角色。

8-2a 產品發展概念

理想上，新產品發展，涉及與消費者的對話和互動，企業平衡消費者的想法與企業經營的目標，形成新的產品策略，這些不同在於企業使用由上而下（top down），或由下而上（bottom up）的發展過程，前者即是公司設計新產品，除了在最後的階段不考慮消費者的聲音；相反地，後者指的則是新產品的想法，來自於消費者，由公司接手發展。由上而下的方法，常見於以技術專長的公司。兩者方法各有其優缺點。

發展新產品的過程深受公司文化影響，有些公司專注由下而上的方法，從一開始的創意發想、設計發展過程，到產品的商業化，行銷被動

的協助產品上市，推介給消費者。由上而下的方法，常見於工程技術導向公司，像醫藥、生物醫學公司、財務服務和許多高科技公司，內部的研發團隊有產品專業，但無產品使用經驗，因此它們創造先進的科技產品，並滿意自己設計的產品，由上而下方法，亦稱為由內而外（inside out）方法，因為產品的想法來自於公司內部，回饋來自於外部，任何消費者的回饋可以讓產品更完美的發展，同時兼顧產品發展過程，不至於失控。

除了由上而下與由下而上的產品發展過程，目前時興共同創造（cocreation）（與消費者），此方法的差異在於消費者的參與和回饋，何時涉入產品發展與多少產品想法都來自於消費者。

8-2b 行銷企劃

行銷導向的公司，隨時蒐集消費者回饋資訊，但即使這樣的公司也會忽略行銷的重要性。產品發展過程聽起來很容易：首先有了想法，再發展成產品，最後產品上市。如圖 8-1 所示，大部分產品的發展過程都更複雜。舉例來說，一個好的產品想法，經過各個階段不斷重新修正及來回測試，最後才能付諸生產上市。從圖表看來，可能容易產生誤會，因為新產品的發展過程並不是直線循序進行。事實上，有時候先發現市場需求潛力，進而衍生產品想法，有時候產品測試階段結果不佳，又得

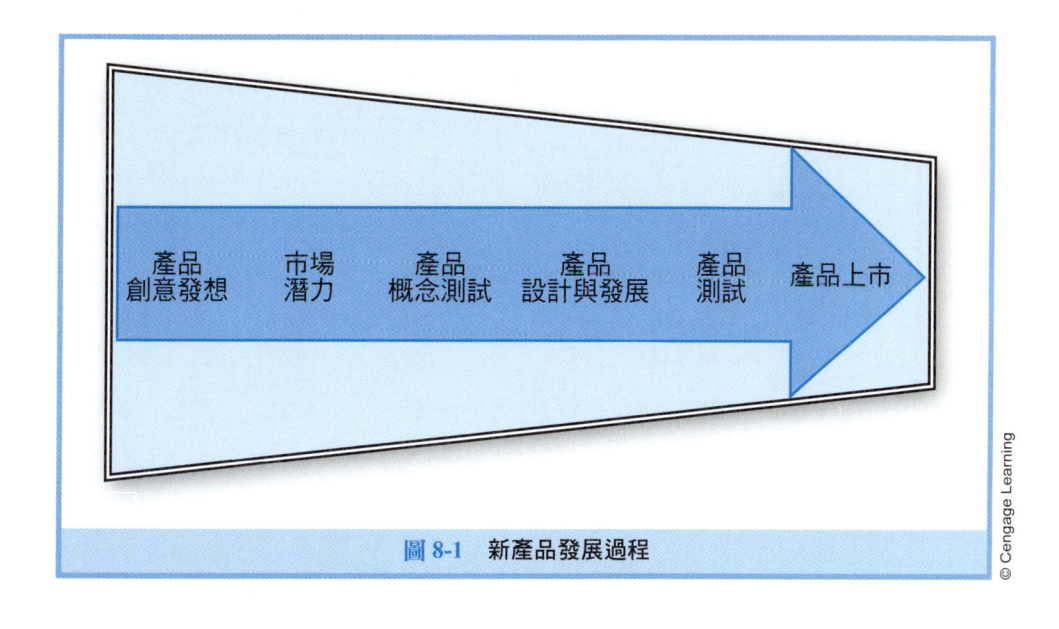

產品創意發想　市場潛力　產品概念測試　產品設計與發展　產品測試　產品上市

圖 8-1　新產品發展過程

重回創意發想。不過，該圖可讓讀者瞭解，產品發展的主要歷經階段。

行銷管理涉入所有發展階段。在產品創意發想階段，消費者需求知識與公司行銷策略，交互影響，萃取新產品原型，行銷研究協助修正各個階段決策，且融入行銷組合觀念。理想上，所有行銷要素應該融入完整產品發展過程，從一開始到產品上市，產品概念是經過精心策劃，決策重點包含零售通路的選擇、定價方法、推廣策略等等，以便提供消費者一致的產品定位。

8-2c 產品概念發想與市場潛力

產品想法來自四面八方，如圖 8-2 所示，「需要是發明之母」。新產品其中一個來源就是來自於行銷人員平常的觀察，這種非系統質化行銷研究，幫助行銷人員確認可以發展新產品，解決消費者問題。

產品想法，可能來自於第一線的銷售服務人員，或對社會的觀察，機會永遠是給準備好的人。典型的產品發想，開始於好的過時的商品，經過腦力激盪討論，產生新產品想法。設計工程等生產專家，需與目標市場行銷知識，協調發展適合公司市場策略產品。對於仍然模糊的市場，需思考幾個問題：我們的目標消費者是誰？市場規模大小？目前的競爭者是誰？我們產品的市場優勢是什麼？是否有合適的配銷合作夥伴？

內部
- 老闆
- 研究部門、內部專家，腦力激盪
- 員工（建議盒）
- 第一線銷售人員

外部
- 消費者
  - 抱怨
  - 領先用戶
  - 行銷研究（田野觀察、焦點群體等）
- 合作夥伴
  - 例如：降低成本考量
  - 提升品質考量
- 競爭
- 環境（PEST 模式）例如：趨勢

圖 8-2　產品概念來源

8-2d　產品概念測試、設計與發展

在這個階段中，公司可能有數個產品想法同時進行，消費者的回饋可以讓產品想法更貼近消費者需求。行銷研究在這個階段，聚焦在特定消費族群的問卷資料蒐集，研究結果可以過濾不適當的產品想法，得到真正具有市場潛力與競爭力的產品。

不管是焦點團體或線上調查，亦可使用聯合分析（conjoint analysis）方法。聯合分析，可以去蕪存菁，重要的產品屬性與有市場效率的消費區隔，關於消費者在意的產品屬性，就是尋找產品時重要的參考標準。舉例來說，購買筆記型電腦重量與功能屬性，消費者可能會認為輕一點比較好、功能強一點比較好，但是對於不同市場區隔，偏好不同顏色，我們都可以利用交叉研究。

行銷研究後，行銷經理可以更清楚知道什麼產品特色對於目標消費者更具吸引力，通常單一產品原型勝於多種產品原型，因為產品發展預算高，而且單一產品原型有利於團隊專注於單一產品。

8-2e　產品測試

產品測試用於小範圍的消費測試，理想上，測試的環境盡可能擬真，才能真正觀察消費者的購買決策與評估產品過程。測試內容包含廣告、價格、產品特色與通路設計，蒐集受測者回饋資料，這些小規模的實驗測試有助於將來全面上架銷售。

常見市場測試方法有區域測試（area test markets）、電子測試（electronic test markets）、擬真測試（simulated test markets）。第一種方法成本較高，耗時較長，目前行銷人員較少使用。

8-2f　產品上市

上市是產品商業化的最後一個階段。上市的時機與預算，都是該階段重要的議題。利用行銷測試結果，行銷經理可以預測產品成功的機率，如果銷售預測不佳，就是公司最後一個放棄產品上市的機會；如果預測結果是正面的，公司就可以正式商品化。所有預測的數字，包含會

計、財務預算與目標、銷售目標、生產與配銷計劃等等。

第一個評估的數字是市場潛力，可能有多少銷售數量；第二個評估的數字是購買傾向；最後評估的數字則是銷售定價。

時間就是金錢。產品發展速度隨著激烈的競爭環境越來越快，相對地，產品生命週期越來越短，能夠比競爭對手更早上市，就是取得市場佔有與價格優勢的絕佳地位。

8-2g 什麼是產品生命週期？

另一個發展新產品的理由是，所有公司的產品組合總會老化。產品生命週期是行銷領域中，最常用來隱喻產品在市場上的發展期間（如圖 8-3 所示）。產品被認為類似人的一生，從出生、成長、成熟和逐漸老去。產品生命週期階段分別是市場導入期、成長期、成熟期和衰退期。不同階段，可預料會有不同的銷售與利潤表現，不同階段也會分別採取適當的行銷策略。

市場導入期（market introduction），大量的行銷預算，將新產品引介到市場，廣告資訊著重提供產品資訊和消費者說服。推廣方法包括樣本試用、折扣券吸引潛在購買者。策略上，價格定價較高，以便回收產品發展成本，因為此時競爭者較少。在早期階段，配銷通路有限，因此銷售量較少，銷售成長亦顯緩慢。

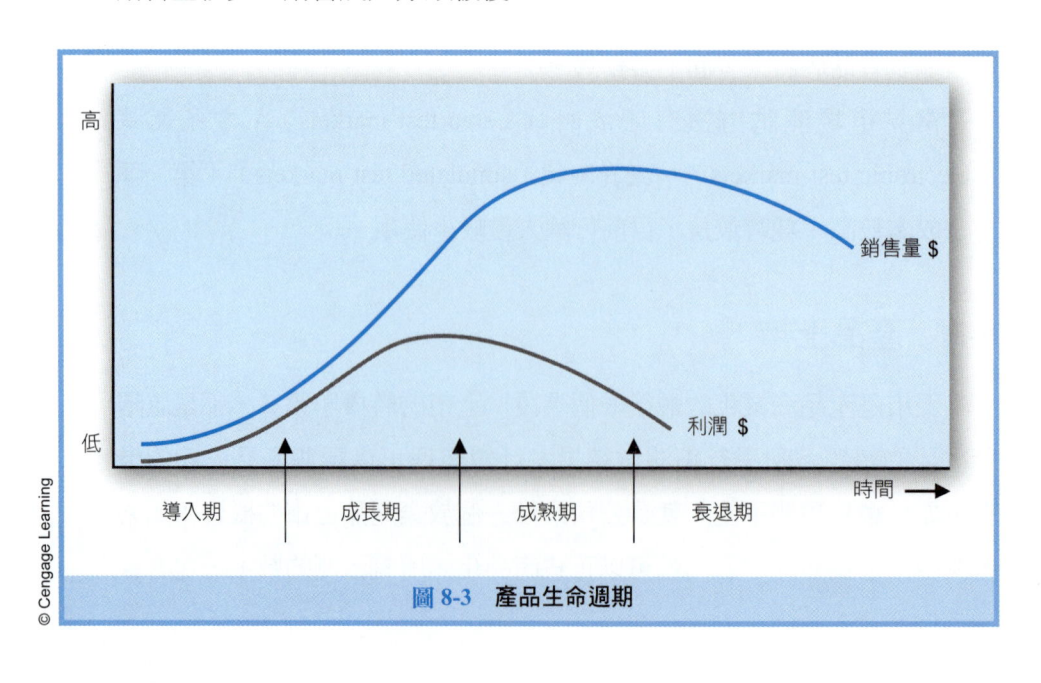

圖 8-3 產品生命週期

解構產品生命週期

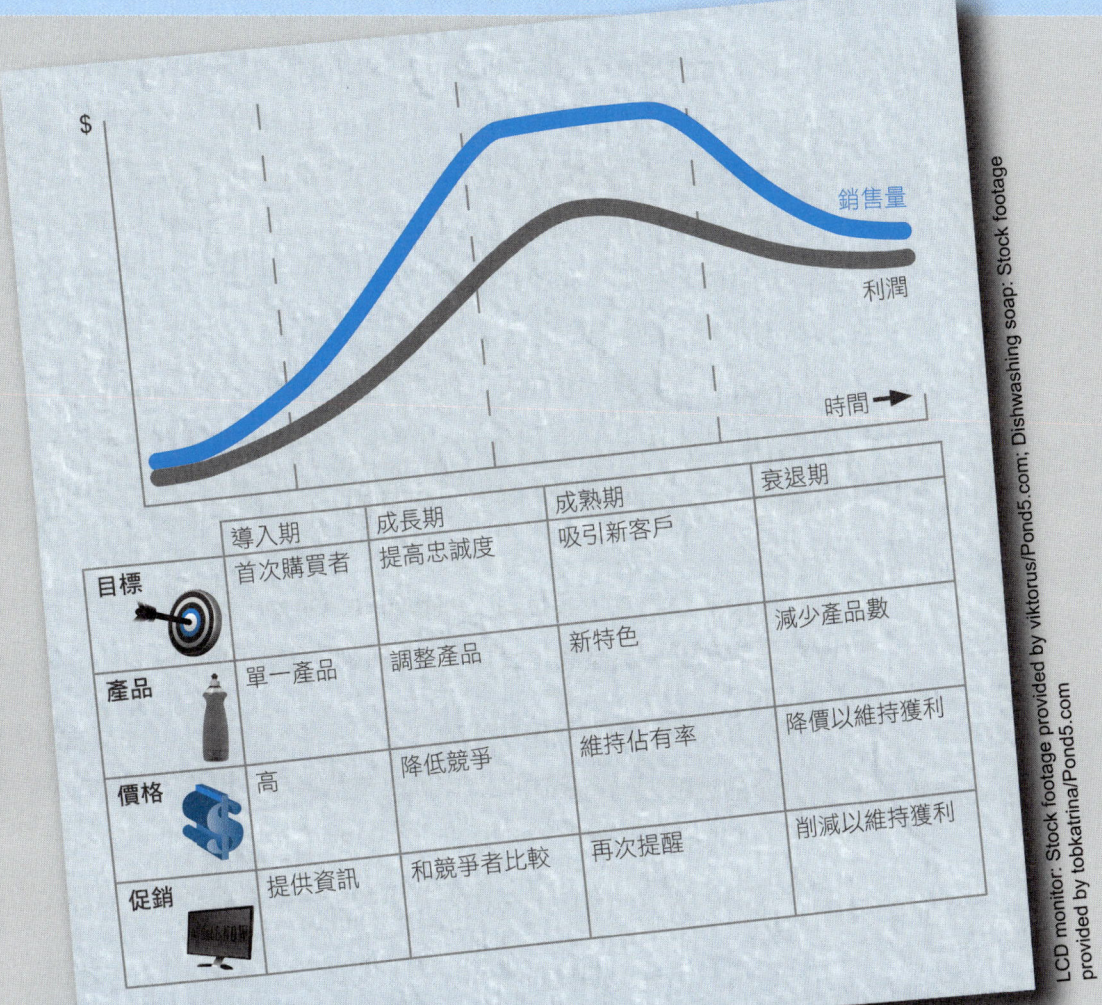

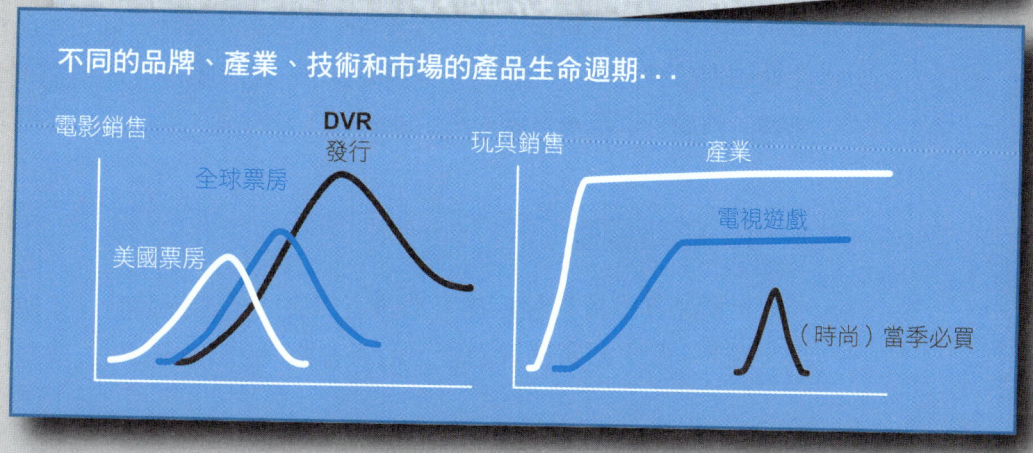

	導入期	成長期	成熟期	衰退期
目標	首次購買者	提高忠誠度	吸引新客戶	
產品	單一產品	調整產品	新特色	減少產品數
價格	高	降低競爭	維持佔有率	降價以維持獲利
促銷	提供資訊	和競爭者比較	再次提醒	削減以維持獲利

銷售量
利潤
時間

不同的品牌、產業、技術和市場的產品生命週期⋯

電影銷售
DVR發行
全球票房
美國票房

玩具銷售
產業
電視遊戲
（時尚）當季必買

第二階段稱為**市場成長期**（market growth），銷售量加速成長，獲利提升，產品知名度變高，但仍有些市場流言，配銷通路逐漸增多，銷售量增加，公司有可能策略性的提高價錢。同時，競爭者觀察到領導品牌的獲利，也開始進入市場，競爭變得激烈，促使競爭廠商將商品特別化。針對特定市場領導品牌公司，擁有競爭優勢，可維持其市場競爭力，亦可稍微改變產品，維持其產品差異性。在這個階段裡，廣告的重點是說服消費者比競爭者有更優越的品牌。

　　第三個階段是**市場成熟期**（market maturity）。廣告重點，持續說服消費者認知品牌，有相對競爭者的優勢，並且提醒消費者持續購買，產品可能衍生更完整的產品線，以便滿足更多不同消費者區隔。產業競爭更激烈，更多競爭者加入，雖然銷售量增加，但利潤不如往常，市場規模不再持續成長，競爭廠商之間使用低價策略互相拚佔市佔率，因此體質弱的公司開始退出市場，而且產品同質性較高，消費者感覺產品之間差異不大。

　　最後階段是**市場衰退期**（market decline）。銷售和利潤同時下降，新產品取代上一代產品，公司需要決定如何處理舊商品：

1. 完全放棄，如果決定要用此方法，應越早越好，因為當產品價格與產品吸引力仍有優勢時，可以快速將產品變換成現金。
2. 收割舊產品，公司減少資助和行銷支出，以便榨取更多利潤。
3. 重新賦予產品新的利益屬性，以吸引目標消費者購買興趣。

　　產品生命週期的長短差異極大。現在產品生命週期相對縮短，原因包括產品發展速度較快、消費者喜新厭舊、產品忠誠較低。產品類別的生命週期長度比單一品牌長。舉例來說，一部電影的生命週期可能只有數週或數個月，但電影產業的生命週期已有百年。

8-2h　創新擴散

　　新產品就像流行性疾病。消費者口碑或病毒行銷可以促使創新擴散。圖 8-4 說明創新擴散過程，創新者約只佔 3% 至 5%，這些人喜歡

嘗試新的產品，對於風險的接受度也比較高，他們相對的教育水準比較高，對於評估資訊較有信心。

早期採用者（early adopters）約佔 10% 至 15%，這些人通常是具有影響力的意見領袖，人數大於創新者（innovators）；早期大眾（early majority）約佔 34%，比前面兩者，更有風險規避觀念，他們常常受到早期採用者的使用經驗，影響新產品的看法；晚期大眾（late majority）約佔 34%，對於新產品更是小心翼翼，一般是年紀較大比較保守，常常是確認產品沒問題之後才購買；最後是落後者（laggards）或不採用者（nonadopters）約佔 5% 至 15%，最具有風險規避性格，對於新產品產生懷疑，收入較低。

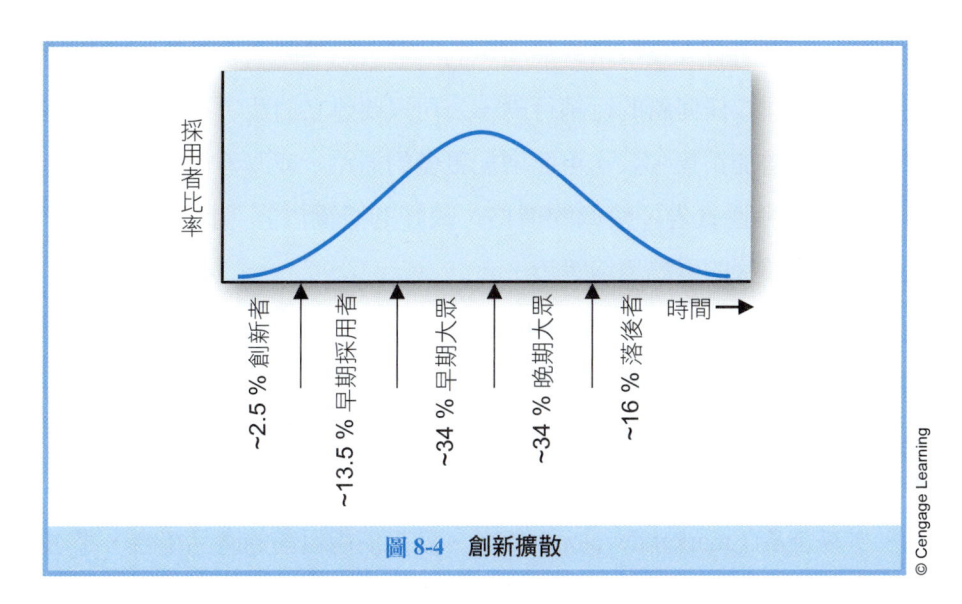

圖 8-4　創新擴散

8-3　新產品與品牌延伸的行銷策略

公司可以從內部開始討論新產品，如確認公司任務和行銷目標。利用 SWOT 分析，行銷人員可以瞭解公司，什麼是我們的優劣勢？什麼是產業的機會和威脅？

無庸置疑地，消費者的回饋反應，提供發展新產品重要的資訊。影響消費者接受新產品與創新擴散的原因遍佈市場，消費者會問新產品的利益是什麼？我為什麼要買它？當新產品有下列因素：超越現有產品的

優點、適合消費者的生活型態、不複雜使用或使用介面友善、容易使用時，消費者接受度會升高。

8-3a　市場成長策略思考

行銷人員必須聰明發展，所有符合公司行銷目標與產品組合的新產品。高階管理人員須具有遠見，帶領公司走向對的發展方向，而不是隨機反應。

行銷人員依據市場發展策略路徑，延續目前產品組合，尋求新的目標市場，或發展新產品。圖 8-7 說明成長機會矩陣。

市場滲透（market penetration），亦即我們深化更多產品，給同一群消費者，這是所有成長策略裡最簡單的一種，熟悉的消費者，熟悉的產品，不需要採取任何新的行銷行動，公司只要建立消費者不同的產品使用方法即可增加銷售，公司可能增加更多的通路，或改善行銷組合，甚至更多的誘發性廣告、較低的價格、較好的獎勵內容、比較好的消費者服務、比較好的賣場環境等等。

產品發展（product development），亦即公司希望在產品上，有不同的創新發展，產品創新的內容包括，全新的產品或改善全新的產品，以便提供給現有的消費者，讓消費者更滿意，這些新產品的創新，盡可能在同一個品牌、名稱或產品線。

市場發展（market development），就是使用目前的產品組合，尋求更多的市場區隔機會。這個成長方法，如果將品牌國際化，市場的成長潛力無限，但相對的也比較難以捉摸。產品相同，但目標消費者不同，行銷人員可能需要增加不同型態的通路，和修正推廣溝通方式，才能獲得不同消費區隔的正面反應。

最後，**多角化**（diversification）策略。這是一個難度最高的成長策略，同時尋找新的消費者區隔和發展新的產品。圖 8-5 的 2×2 矩陣中，公司可以從左上方（市場滲透），開始轉移到右上方（產品發展），或左下方（市場發展），對公司而言，這些成長策略的改變相對容易。

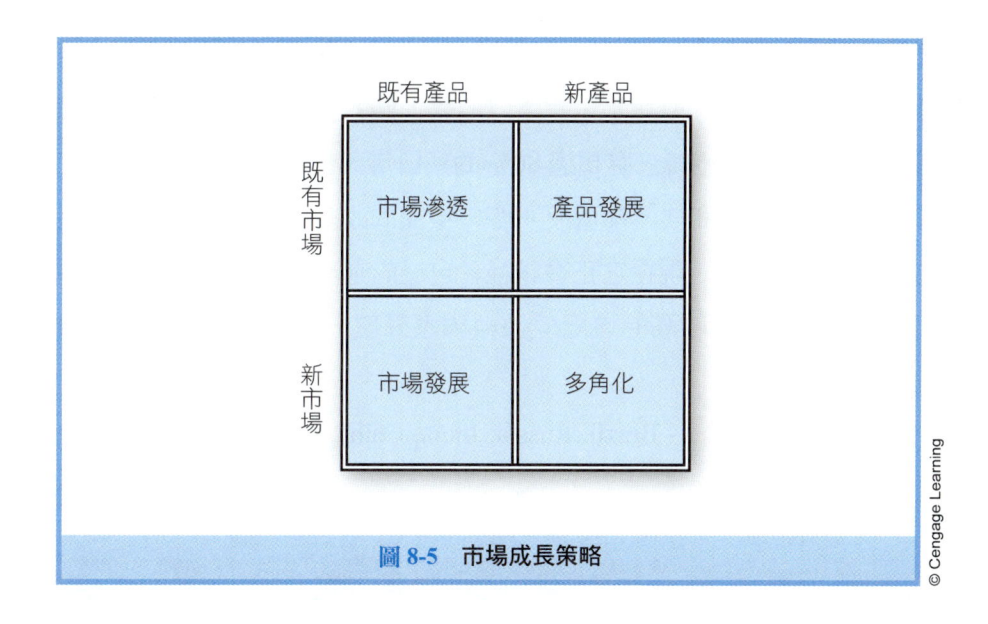

	既有產品	新產品
既有市場	市場滲透	產品發展
新市場	市場發展	多角化

圖 8-5　市場成長策略

8-4 市場發展趨勢

　　世界唯一不受的，就是變！市場環境也是如此，行銷人員必須保持高度的敏感度，注意市場改變的氛圍與方向，因為趨勢來預測產品的機會，人口生活型態、文化趨勢都會影響新產品發展。

　　近年西方市場最值得注意的人口趨勢，就是銀髮族人口發展。以歐洲為例，廿年內有 20% 的歐洲人超過 65 歲，美國戰後嬰兒潮人口衍生大量的照護需求、老人住宅與百貨零售需求，銀髮族潛藏龐大的購買力，相較於年輕消費族群，無論是在美國、義大利、德國和日本，都有更多的儲蓄。

　　美國人口結構的改變，每七個美國人，就有一個西班牙裔，西班牙裔的人口成長大於其他族群，這樣的成長預期將持續發展。觀察全球財富分配，前五大百萬人口國家，分別是美國的 510 萬、日本 160 萬、中國 140 萬、英國 40 萬和德國 30 萬。若從人口的比例上來說，百萬人口的密度就有不同的情況；新加坡（17%）、卡達（14%）、科威特（12%）、瑞士（10%）和香港（9%）。

　　另外，值得企業重視的議題，還包括環保和企業社會責任議題，例如：消費者更關心空氣汙染，企業應該學習如何營造綠色行銷商業模

式，例如：使用農產品生質燃料，可以同時改善空氣汙染和農民收入。另外一個文化趨勢的改變是，網路已改變人們的生活。美國、日本、德國、英國、法國、南韓，有超過 80% 的人口每天都會使用網路；中國、印度、印尼、越南和埃及都低於 40%。中國的改變值得注意，中國已經成為製造代工大國，現在它正嘗試經營自己的全球品牌，來改變企業獲利方式，以便得到較高的邊際效益與國家聲望，如中國聯想併購 IBM 電腦部門。

最後，金磚四國（Brazil, Russia, India, China, BRIC）快速的經濟成長，提供市場成長機會。

行銷管理實務個案討論

Femme 女鞋營運績效提升對策

本個案是以我國著名女鞋進軍大陸高端百貨公司後，所面臨的店務績效提升問題為主。本個案的決策者主要是以該店店長張經理，與他所帶領一群名為「美儀天使」的銷售團隊，在新櫃營運三個月後，針對營運數字進行一個檢討會議。會中各個銷售人員都對這份營運報表提出了各自的解讀與看法，並提出對應的營運建議。個案揭露了部分營運數字，如：消費者進店數、消費者試穿數、消費者購買數與購買客單價等，以訓練學員得以解讀並處理該報表，學員得就個案中所呈現的營運報表、因應對策提出看法，最後再要求學員針對這些數據的解讀成果，提出對應的管理活動，如：如何提高來客數、如何提高買客單價、如何降低庫存、如何提高新品銷售等方式，提出看法參與討論。

（資料來源：財團法人商業發展研究院。）

問題討論

1. 回想一下本章描述的許多市場趨勢，例如，人口老化、環境問題以及中國因素等。他們如何影響你目前所處的事業（以及你進入商學院之前）？
2. 列出你最喜歡的三個品牌。從一個大品牌或是產品線延伸的角度，想一想他們如何開發一項新產品？

PART 3

價格、通路與推廣之產品定位

CHAPTER 9

定價

本章大綱

I　定價的重要性
II　供給與需求
III　低價策略
　　a. 損益平衡：商品
　　b. 損益平衡：服務
IV　高價策略
　　a. 掃描資料
　　b. 問卷資料
　　c. 聯合分析
V　營收與利潤
VI　消費者與心理定價

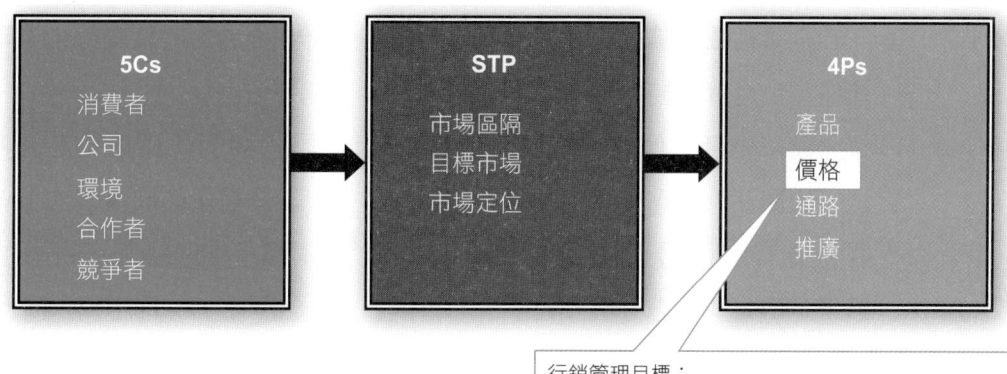

5Cs
消費者
公司
環境
合作者
競爭者

→

STP
市場區隔
目標市場
市場定位

→

4Ps
產品
價格
通路
推廣

行銷管理目標：
❏ 需求與彈性如何影響定價決策？
❏ 低價策略與損益平衡
❏ 高價策略與消費者價格敏感度
❏ 不二價或價格異動
❏ 如何利用價格吸引不同市場區隔消費者？

© Cengage Learning

行銷管理架構

9-1 定價的重要性

行銷就是消費者與企業之間，產品利益和取得成本之間的交換。行銷組合（4Ps）任務，即經由製造好的產品設計、適當的產品通路、清楚溝通產品利益，傳遞產品價值給目標消費者。然而，價格機制就是公司得到消費者的價值回饋。

行銷人員應該具備定價能力。定價是依據品牌定位高端或低階產品。行銷人員必須瞭解，消費者的價格認知與價格改變會如何影響消費者需求變化。事實上，價格也是市場區隔工具之一。

9-2 供給與需求

經濟學基本觀念，提到在自由市場環境中，價格是由供給（廠商）與需求（消費者）決定。如圖 9-1，如果公司產品價格上升，市場需求將會減少，因此價格就有調降壓力，以便改善市場需求，增加銷售量；如果公司定價太低，可以調高定價，以便提高獲利。

定價相較於其他行銷組合變數，容易調整，不過對於整體行銷策略運作，也是牽一髮而動全身。

簡單思考定價，不外乎低、中、高定價法，說明此最常見定價方法。如圖 9-2 最低定價法，顯見價格的產生，就是在產品成本，加上些許利潤。然而，最高定價法價格，則思考消費者願意支付最高金額附近；競爭定價，則是思考目標競爭者的售價，並適當調整。

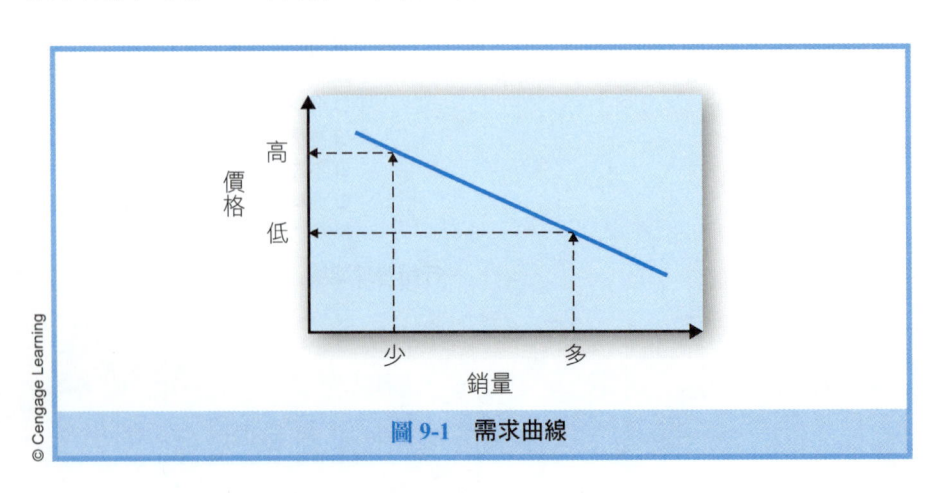

圖 9-1　需求曲線

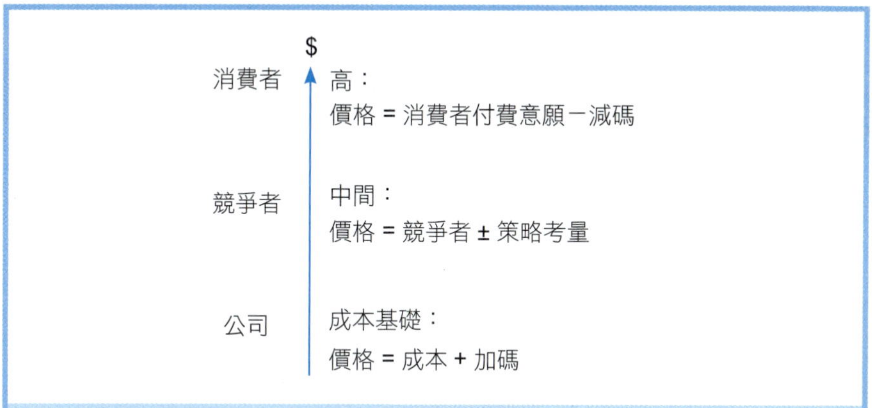

```
消費者     $
          ↑  高：
             價格 = 消費者付費意願 - 減碼

競爭者        中間：
             價格 = 競爭者 ± 策略考量

公司          成本基礎：
             價格 = 成本 + 加碼
```

圖 9-2　常見定價策略

　　行銷競爭環境直接影響定價，定價不只是為了營收，它的重要性就如同其他的行銷組合，而且對於消費者、競爭者和合作夥伴都是品牌形象的訊號。在品牌訊號的功能上，有些學者認為定價比其他行銷組合更重要，因為消費者經常從價格上評估品牌價值，形成對品牌的認知態度，所以從行銷的觀點上，定價必須考慮消費者看法，產品利潤深受定價影響，因此我們定義利潤就是：

利潤 = π = (價格 × 需求) – (固定成本) – (變動成本 × 需求)
　　　　= [價格 – 變動成本)] × 需求 – (固定成本)

所以，價格增加，利潤增加。

　　另一個值得討論的定價議題，就是價格彈性（elasticity）或價格敏感（price sensitivity），如果一個公司調降價格，銷售量就會增加。更重要的問題是，增加的銷售量與價格降低的利潤損失，何者對彼此比較有利？從消費者的角度，價格的調降或調升，會增加或減少多少需求，如果需求不見變動，表示此產品非需求彈性；相反地，如果需求產生變動，就具彈性需求，圖 9-3 和圖 9-4 說明上述兩種需求情境。

　　如果消費者取得競爭者價格資訊容易時，消費者價格敏感提高。網路時代對於價格產生有趣的影響：網路比價比實體店鋪詢價相對容易且快速，有些網站甚至提供比價系統。

圖 9-3　彈性 vs. 缺乏彈性需求

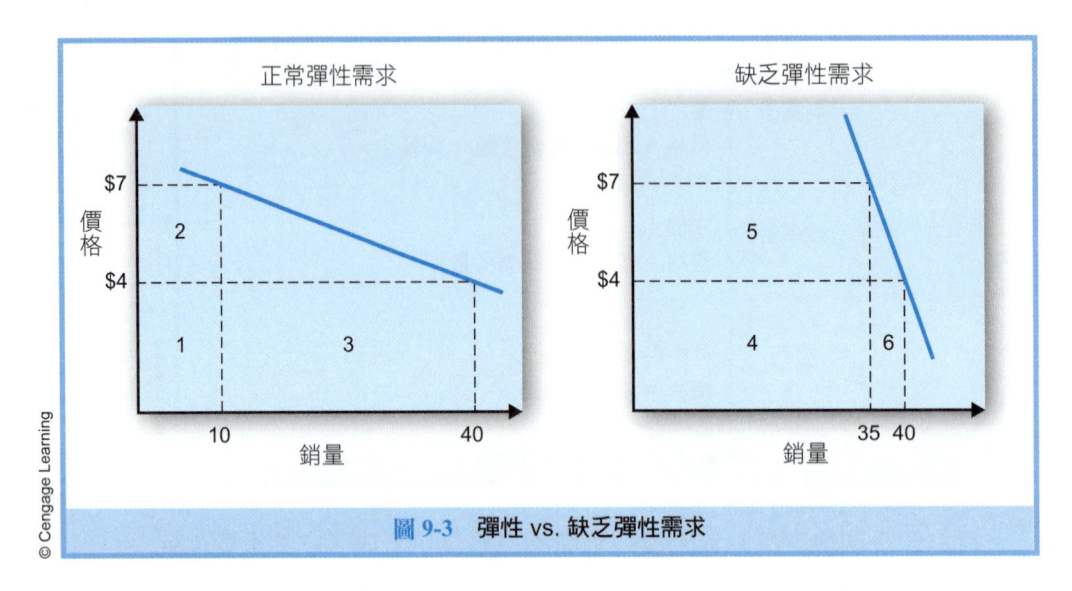

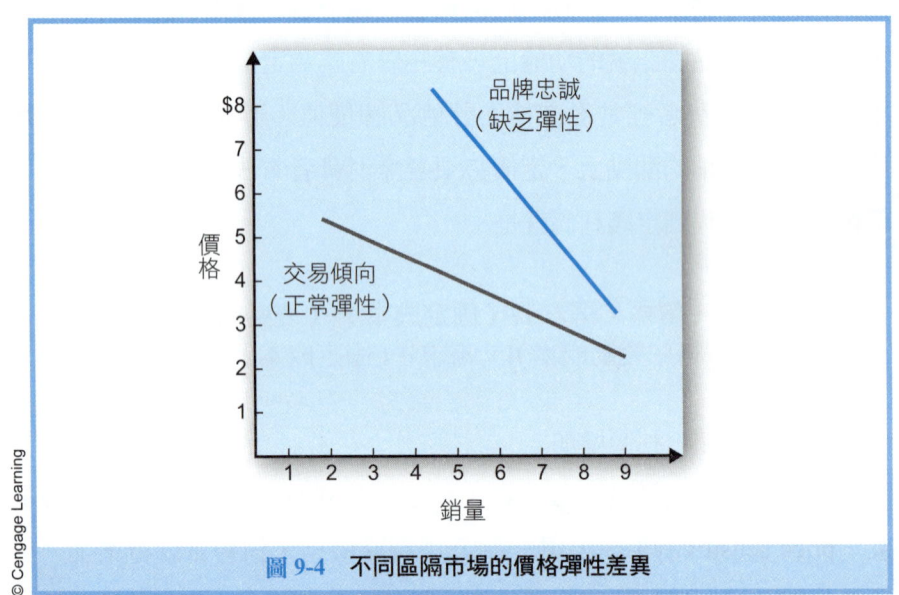

圖 9-4　不同區隔市場的價格彈性差異

9-3　低價策略

低價有兩個議題：第一個議題是如何精確掌握成本，這個問題就是計算出損益平衡表，才能決定出多少銷售量可以開始獲利；第二個議題是低價是否為競爭選擇，例如：WalMart 的每日最低價（everyday-low-price, EDLPs）就是運用低價零售策略。

9-3a 損益平衡──產品

損益平衡分析就是計算最小滿足成本的銷售量。

損益平衡點可以是銷售單位或金額。我們先以銷售數量來看待「損益平衡」（breakeven），我們曾經定義利潤是：

$$利潤 = [(價格 - 變動成本) \times 需求] - (固定成本)$$

損益平衡就是利潤等於零，這樣需求水準就是損益平衡：

$$0 = [(價格 - 變動成本) \times 損益平衡] - (固定成本)$$

我們可以改寫損益平衡為：

$$損益平衡 = \frac{固定成本}{價格 - 變動成本}$$

計算方法請參酌圖 9-5 和 9-6。

固定成本（一個月）
員工薪津	$1,000
行銷及管理費用	350
租金及設備	650
小計	$2,000

變動成本（每單位）
閱讀器	$75
封面	5
小計	$80

總成本（依銷售量）

30	2,000 + (30 × 80) =	$4,400
60	2,000 + (60 × 80) =	$6,800
90	2,000 + (90 × 80) =	$9,200
120	2,000 + (120 × 80) =	$11,600

圖 9-5　電子書市場之成本分析

圖 9-6 電子書閱讀器市場之損益平衡分析

收入		電子書銷售		
價格	30	60	90	120
100	$3,000	6,000	9,000	12,000
120	3,600	7,200	10,800	14,400
140	4,200	8,400	12,600	16,800
總成本	4,400	6,800	9,200	11,600

收入－總成本	30	60	90	120
$100	−1,400	−800	−200	400
$120	−800	400	1,600	2,800
$140	−200	1,600	3,400	5,200

9-3b 損益平衡──服務

損益平衡的計算對於服務業更複雜。服務業有潛藏更難捉摸的變動成本，因此對於服務業的收費標準計算，與需要多少消費者才能賺錢難度更高。圖 9-7 第一列顯示固定成本，下一列是變動成本；圖 9-8 是根據價格和需求產生的收入。圖 9-9 在不同的收費標準下顯示獲利情況：當收費三十美元時，我們服務越多，損失就越多；當收費五十美元時，獲利表現仍然不佳；當增加收費到一百美元，有三十個消費者就開始產生獲利。

圖 9-10 以線型函數方式顯示損益平衡表水平軸是電子書銷售數量，垂直軸是成本和營收，營收線與總成本線恰巧交叉在電子書銷售量三十。

圖 9-7 電子書軟體服務市場成本分析

固定成本	2,000	2,000	2,000	2,000
	採用數			
變動成本	15	30	45	60
勞動（$30）	450	900	1,350	1,800
授權（$3）	45	90	135	180
每月變動成本	495	990	1,485	1,980
總成本（固定和變動）	2,495	2,990	3,485	3,980

	銷量	15	30	45	60
現金流	$30	450	900	1,350	1,800
收入	$50	750	1,500	2,250	3,000
售價	$100	1,500	3,000	4,500	6,000

圖 9-8 電子書軟體服務市場之營收分析

售價－總成本	15	30	45	60
$30	－2,045	－2,090	－2,135	－2,180
$50	－1,745	－1,490	－1,235	－980
$100	－995	10	1,015	2,020

圖 9-9 電子書軟體服務市場之損益平衡分析

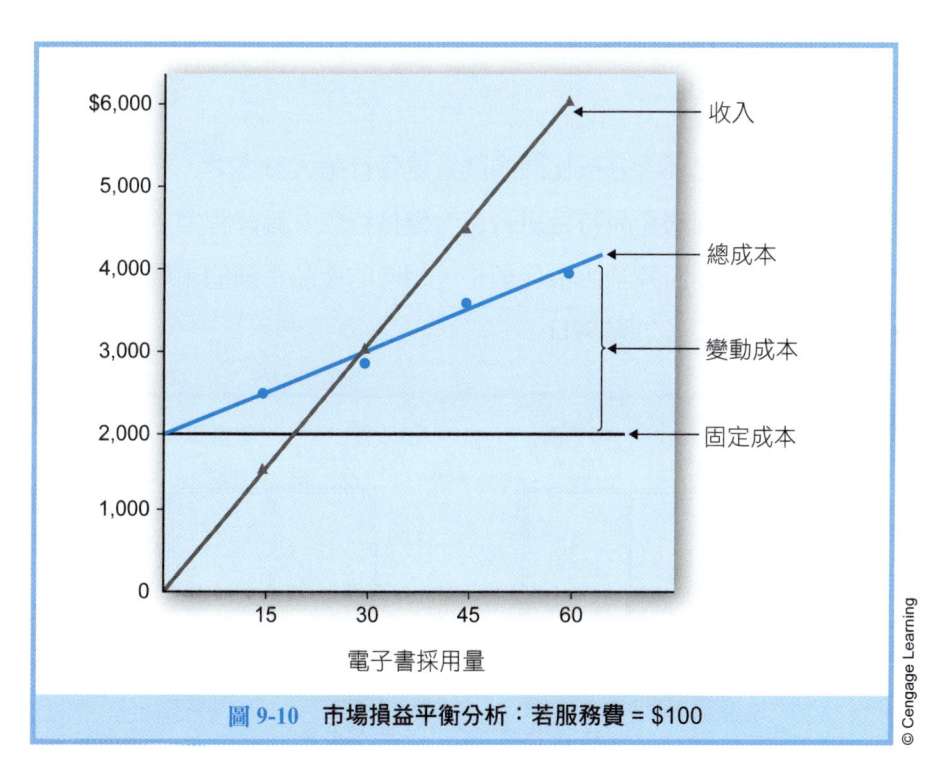

圖 9-10 市場損益平衡分析：若服務費 = $100

9-4 高價策略

　　大部分的消費者對於任何商品都有付費上限，行銷人員嘗試定價在上限邊緣，就稱為高定價。

9-4a　掃描資料

行銷人員蒐集消費者消費資料，包含購買什麼品牌、購買數量、產品定價、產品售價、競爭者售價、廣告預算和其他促銷活動。大量的蒐集上述資料可以客觀地計算出銷售價格關係。

9-4b　問卷資料

行銷研究工具也可以評估消費者願意支付的價格，例如：我們可以詢問消費者什麼價格是你願意支付的？即使消費者沒有價格敏感，也都希望能夠付越少越好，因此問卷調查中問項內容的設計表達需特別用心。

9-4c　聯合分析

從事價格研究聯合分析比問卷調查更受行銷人員喜愛。在交叉研究裡消費者針對不同的產品特色組合包含價格特色、偏好程度差異、交叉比較價格差異，從而歸納出最佳價格。相同的產品不同的市場區隔，會有不同的價格認知，如圖 9-11。

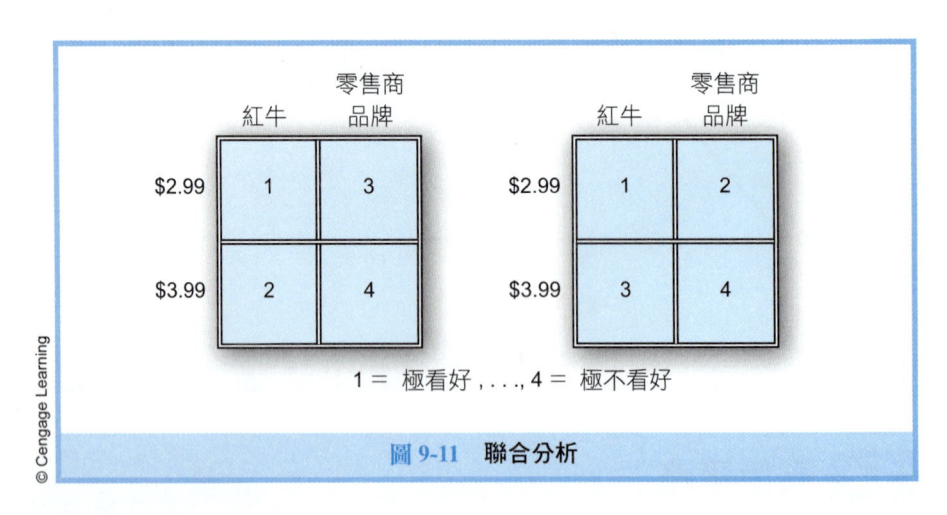

	零售商				零售商	
	紅牛	品牌			紅牛	品牌
$2.99	1	3		$2.99	1	2
$3.99	2	4		$3.99	3	4

1 = 極看好,..., 4 = 極不看好

圖 9-11　聯合分析

9-5　營收與利潤

當然，銷售最大化與獲利最大化有所不同。圖 9-12 利用智慧型手機市場為例做說明：Apple 佔所有銷售量的 45%，RIM〔黑莓

圖 9-12　銷售 vs. 利潤

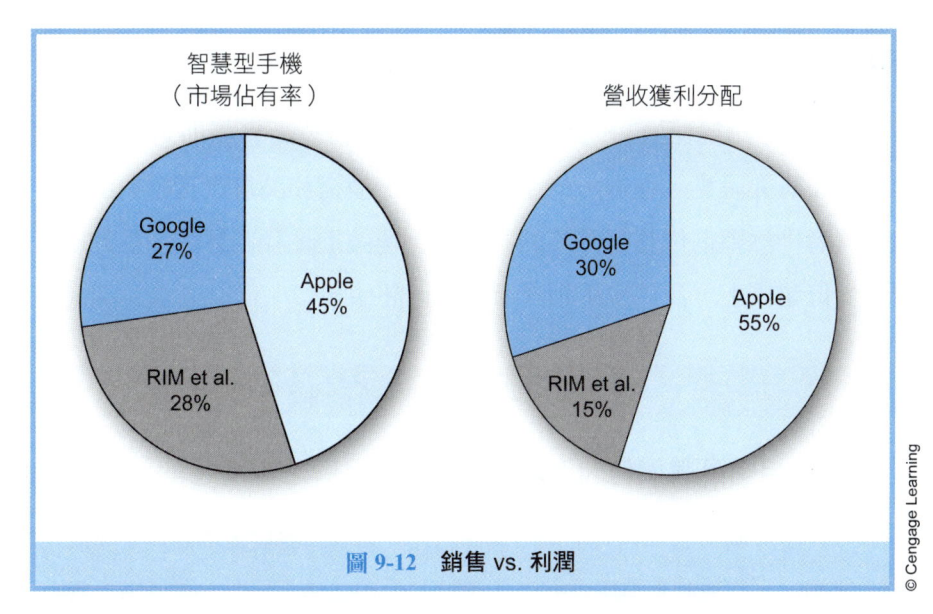

（Blackberry）〕和 Google 有相似的市場佔有率，BlackBerry 售價低於 Google，Google 的售價低於 Apple，因此在營收的表現上是 Apple 的表現最好，Google 次之，RIM 最差。

如果利潤＝營收－支出，和營收＝價格×銷售數量。如果我們想要增加獲利，就必須增加價格。利潤的最大化會發生在當邊際收入＝邊際成本（MR＝MC）

圖 9-13 中，當售價是 1.5 美元時，邊際成本一美元邊際營收入也是一美元，是利潤最大化（450－300）；價格 1.75 美元時，利潤（350－200）相同於價格 1.5 美元，行銷人員需要做出策略，決定是否以 1.75 或 1.5 美元當作售價。

價格	數量	邊際成本 MC $1	收入	邊際收入
$2.00	100	$100.00	$200.00	
1.75	200	200.00	350.00	$1.50
1.50	300	300.00	450.00	1.00
1.25	400	400.00	500.00	0.50
1.00	500	500.00	500.00	0.00

圖 9-13　利潤最大化 - 單位

9-6 消費者與心理定價

價格常常影射品質,對於有些商品或服務,高售價即是高品質。雖然許多研究證實,在很多的產品類別上,價格和品質沒有絕對關係,但消費者仍然堅信價格是品質的同義字。理論上,我們評估產品的絕對價值;但邏輯上,我們也用相對價值加以評估。

行銷管理實務個案討論

自有品牌如何因應新引進之外來品牌之低價競爭

N 品牌為 L 公司自有品牌,其商品在同類商品的銷售中佔有七成以上業績,平均毛利率貢獻達 65%。由於 L 公司之通路部門考量通路銷售商品之豐富性與變化性,於 2008 年一月引進 F 公司之同類商品,並以低於 N 品牌約四成的售價於通路上販售,造成門市銷售人員的疑惑與 L 公司之毛利率降低!在商品引進的既成事實下,N 品牌要如何回應?
(資料來源:財團法人商業發展研究院。)

問題討論

1. 律師正努力改變他們的薪資結構,從原來採取每小時計費方式,頂尖的律師收費通常高昂,經驗不足者的費用則相對低廉。現在他們正準備改變計價方式,例如以每一項顧問案作為基礎。因此,他們必須重新評估對於公司客戶在法律專門知識和協助上的附加價值。對於一家尋求獲利的律師事務所你有什麼建議?
2. 為什麼你認為時尚界對於過氣的設計師支付的費用過高?
3. 什麼樣的產品你會不惜一切購買?什麼樣的產品你只會支出少許購買?二者之間的主要區別為何,導致你有不同的價格態度?

CHAPTER 10

通路配銷定位

本章大綱

I　配銷通路與供應鏈運籌管理
II　通路設計：密集或選擇？
　　a. 推式或拉式
III　通路關係的權力與衝突
　　a. 營收分享
　　b. 通路整合
c. 零售通路
d. 特許經營
e. 電子商務
f. 目錄行銷
g. 銷售人員
h. 整合行銷通路

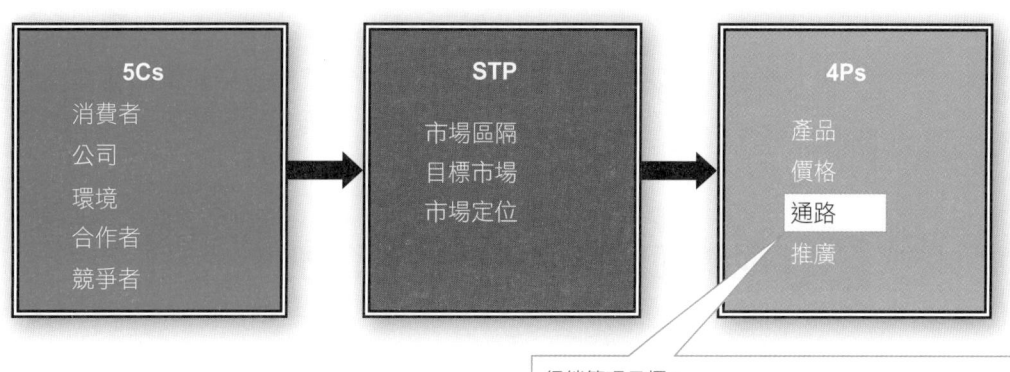

5Cs
消費者
公司
環境
合作者
競爭者

STP
市場區隔
目標市場
市場定位

4Ps
產品
價格
通路
推廣

行銷管理目標：
❏ 什麼是配銷通路？為什麼行銷人員需要它？
❏ 如何設計商品配銷網路？
❏ 通路成員不協調的後果

行銷管理架構

　　在行銷上，我們盡量調整賣方所提供的商品與買方的需求一致。產品供應商盡可能大規模生產，但消費者卻想購買多量少樣的商品，產品供應商以小包裝滿足消費者需求，這也是配銷通路功能之一，供應商比消費者更具有挑選商品的專業，也可節省消費者購買商品時間，所以消費者可從中獲得利益。

圖 10-1　農民市集

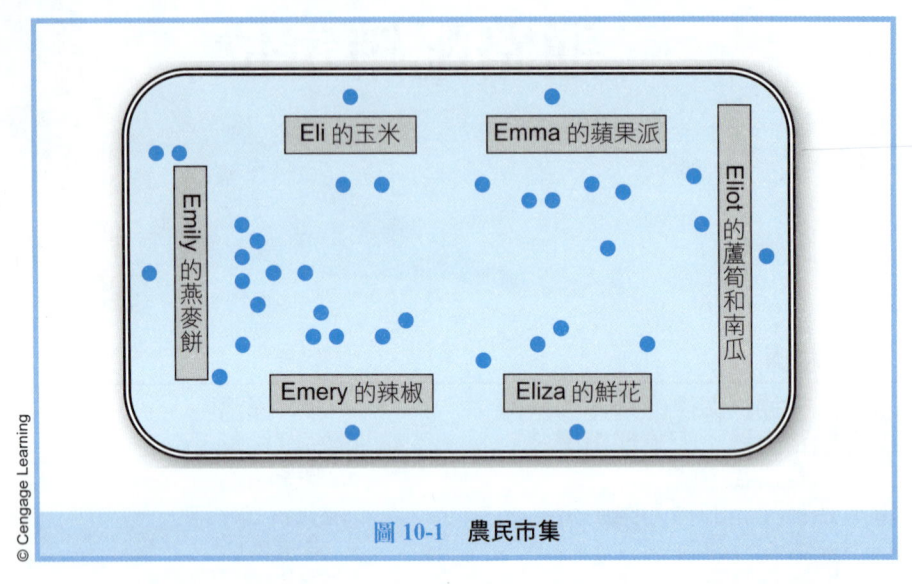

　　幾乎在美國的任何地方，每到週末天氣不錯的日子，鎮上都會舉辦農民市集，詳如圖 10.1。例如，農民 Eli 會帶來整車玉米，麵包師傅 Emma 則會帶來她最有名的蘋果派。Eliot 則是販賣蘆筍和南瓜，至於 Eliza 則是銷售她家花園新摘的鮮花。Emery 賣辣椒，Emily 賣燕麥餅。這些人都會向社區中心登記，並且支付少許費用以便設攤販售自己的商品。

10-1 配銷通路與供應鏈運籌管理

　　配銷通路（distribution channel）角色，就是嘗試解決市場老掉牙的問題：消費者在哪裡可以買到我們的商品？配銷通路是一種產業網絡，提供賣家擴散他們的產品給需要的買家，對買家而言，可以更有效率地取得更有利益的所需商品。

　　配銷通路角色，包含製造商、配銷商或批發商、零售商、消費者，還有其他參與配銷活動的個人或團體。配銷功能，包括消費者導向活動，如訂購、存貨、運送；產品導向活動，如儲存和展示；行銷中心活動，如推廣；財務活動，如資金結構、融資等等。配銷活動包括有形商品的移動和所有權轉換（物流）、金流與資訊流，並且協助推廣及其他行銷活動。當行銷經理人談到物流運籌（logistics）時，就是協調物流

與資訊流,順暢地在所有的通路與通路夥伴間傳遞。

我們可以說,現代的商業運作中「沒有人是孤立的」,也就是說現代的商業活動不可能靠一己之力,通路成員是否可以提供產品更多的利益、我們應該自己從事通路配銷活動,還是委外。

多少通路可以讓市場更有效率、成本更低,說明如圖 10-2 與 10-3 所示。圖 10-2 說明,個別產品製造商直接運送商品給不同消費者;圖 10-3 中,所有商品製造商將商品經由中間商傳遞給消費者,前者網絡接觸

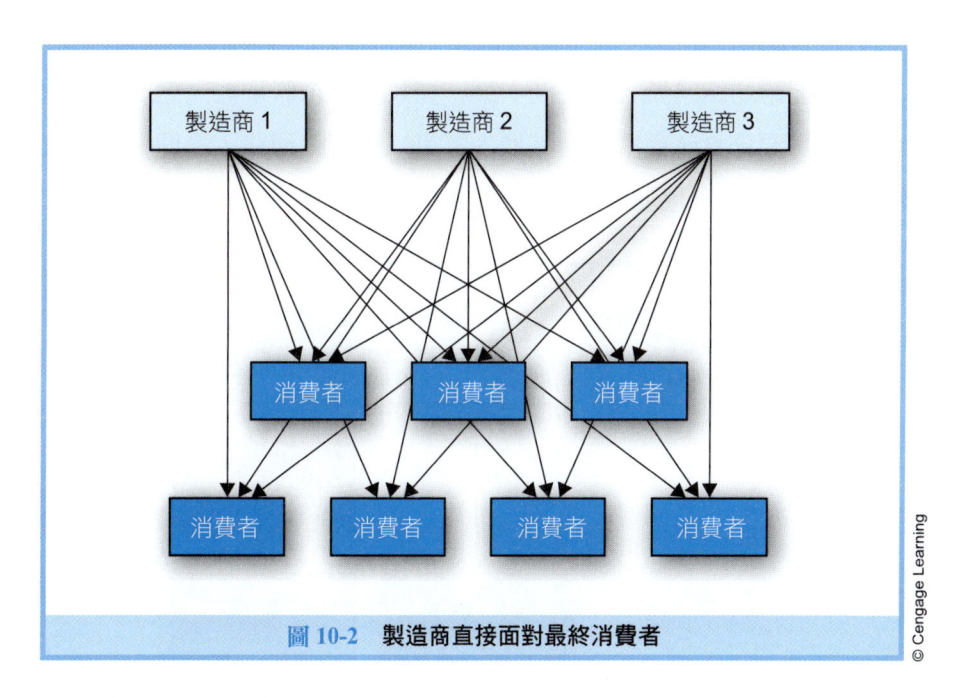

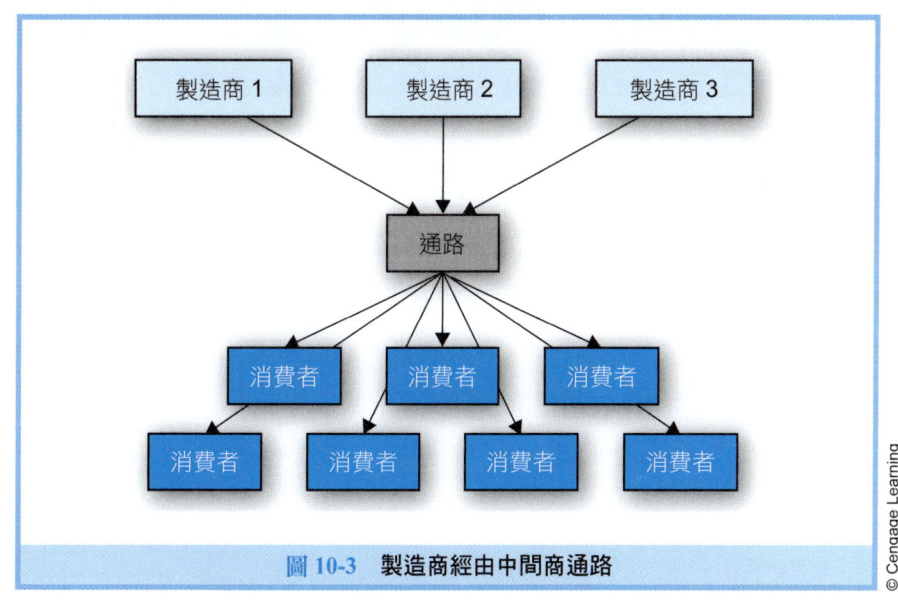

圖 10-2　製造商直接面對最終消費者

圖 10-3　製造商經由中間商通路

者，只有製造商與消費者，後者除了製造商與消費者之外，還包括中間零售商，但是有較少的連結，因此效率比較高。

圖 10-4 更清楚說明三種不同型態配銷通路。第一種配銷通路模型，諸如：許多筆記型電腦和智慧型手機公司，生產成品並在網路上直接銷售給他們的消費者（也就是經由單一通路），同時扮演製造商與通路角色；第二種配銷通路模型，像 Amazon.com 的角色，提供協調服務給消費者與製造商；第三種配銷通路模型則是製造商經由代理商，負責零售商的訂單與配銷，再由零售商將商品銷售給消費者。

三種配銷通路系統各有不同。第一種製造商未假手他人完成市場目標，也不需要分享產品獲利給其他人；第二種配銷通路，需仰賴值得信賴的供應商；第三種型態則是分工專業。

圖 10-4　配銷通路型態

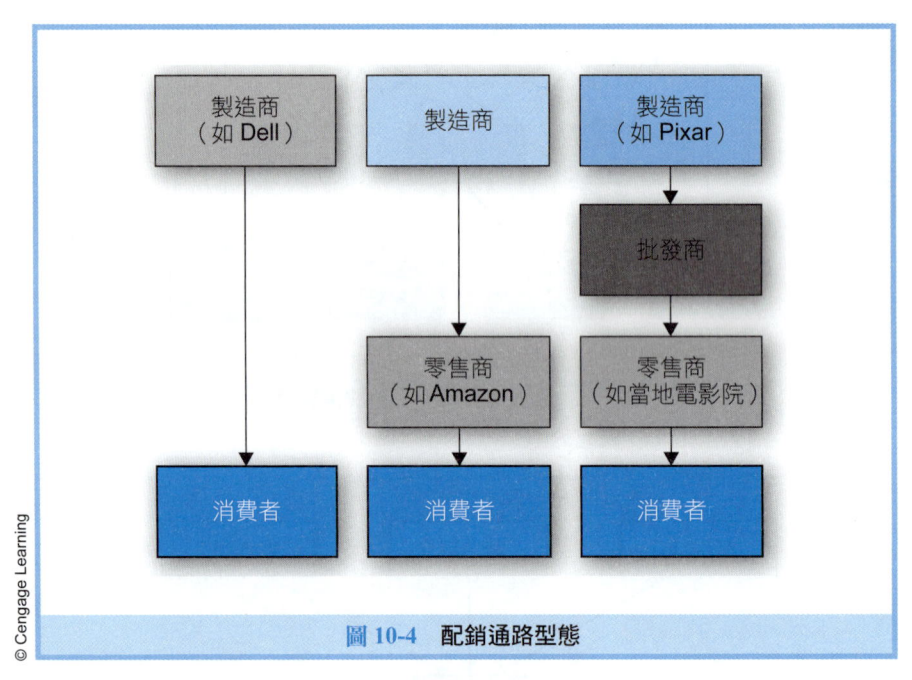

圖 10-5 進一步說明第三種配銷通路型態。以供應鏈管理（supply chain management）的角度來討論配銷通路活動，因此須釐清通路角色、通路效率與規模、如何設計有效行銷通路、通路密度、通路夥伴激勵政策，上述問題可協助建立適當的通路系統。

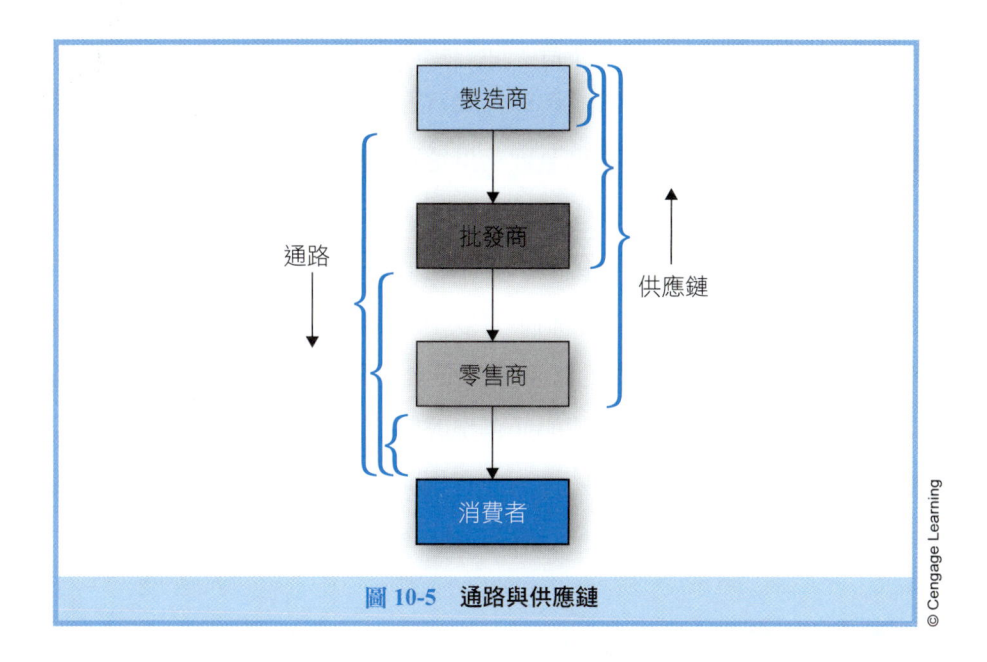

```
製造商
  ↓
批發商  } 供應鏈
  ↓
零售商
  ↓
消費者
```

通路：製造商 → 批發商 → 零售商 → 消費者

圖 10-5　通路與供應鏈

10-2　通路設計：密集性或選擇性通路

雖然有些公司，有效率的自行負責通路配銷，但配銷通路商可以加值服務整體產業活動。大部分的公司面臨決策直接或間接參與通路配銷，或兩者並行？第一個面臨的議題是，配銷的密集性（distribution intensity）——多少的中間商協助製造商配銷商品給最終消費者？

許多消費性包裝商品，採用密集（intensively）通路。舉例來說，零食品牌、個人清潔用品、日常用品等等，這些商品在不同型態的商店銷售，如藥妝店、超級市場、便利商店等，為什麼？

- 低價商品和衝動性購買商品，通路設計應考慮消費者取得方便性。
- 消費性包裝商品供應商以量制價，薄利多銷，因此需要大量的通路設計。
- 這些商品體積相對較小、容易運輸、儲存於零售通路。
- 最後，這些商品使用簡單，消費者不需要銷售人員的解釋說明，品牌商直接對消費者廣告推銷（pulls）。

相對地，有些商品與服務，比較複雜且昂貴，對於消費者而言，存在著較高的風險購買，消費者購買前需要銷售人員的說明，以便降低風

險意識。因此，對於消費者而言，面對較昂貴的商品需要更多的資訊與思考才能決策購買，他們不像衝動性購買商品經常採購，因此消費者常常為了採購這樣的商品，開車至數英里遠可信賴的商店選購，所以品牌商不須設計廣泛通路。

任何的通路決策都有其優缺點，考慮消費者購買習慣、產品屬性與競爭者通路策略的因素，才能制定有效率、有競爭力、有彈性的加值通路服務，通路設計需考慮與其他行銷要素一致性，例如：產品定位因素、推廣策略、產品設計，都與通路型態設計息息相關。通路設計與產品生命週期，或公司市場成熟性，亦有相關。新成立的公司，提供產品項目較少，所需通路亦較少，一般的通路商也不容易接受上架。

10-2a 推式與拉式行銷

所謂「推式」（push）與「拉式」（pull）行銷，意旨製造商（或品牌商）的行銷溝通對象是消費者或通路夥伴，製造商（或品牌商）可以運用行銷組合，推動行銷夥伴或把消費者，直接拉入通路購買商品，無論是推式或拉式行銷，都是激發消費者需求（如圖 10-6）。行銷人員可以使用的行銷技巧，包括短暫降價或增加容量、產品試用、提供免費的樣品、折扣券贈送、付款優惠（先享受後付款或分期付款）、積點活動或消費者忠誠方案，雖然所有行銷目標都是針對最終使用者，但是行銷人員仍需要管理好與通路夥伴關係。

推式行銷策略，就是製造商（品牌商）提供誘因給通路商銷售商品給使用者。舉例來說，行銷人員可以提供暫時折扣給通路商，配合通路促銷活動、大量訂貨折扣、延後付款、銷售獎勵等。

製造商希望透過通路夥伴激勵政策，促使通路商專注銷售它們的商品給最終消費者。

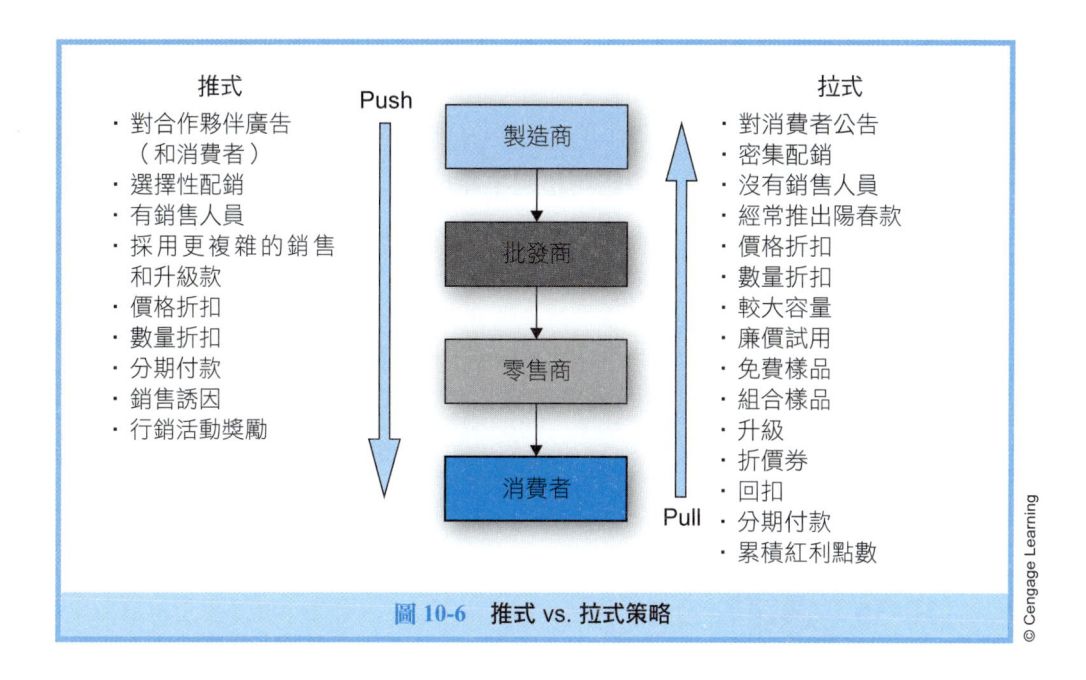

```
推式                    Push              拉式
・對合作夥伴廣告                          ・對消費者公告
  （和消費者）              製造商         ・密集配銷
・選擇性配銷                              ・沒有銷售人員
・有銷售人員                              ・經常推出陽春款
・採用更複雜的銷售          批發商         ・價格折扣
  和升級款                                ・數量折扣
・價格折扣                                ・較大容量
・數量折扣                                ・廉價試用
・分期付款                  零售商         ・免費樣品
・銷售誘因                                ・組合樣品
・行銷活動獎勵                            ・升級
                                          ・折價券
                            消費者         ・回扣
                                    Pull  ・分期付款
                                          ・累積紅利點數
```

圖 10-6　推式 vs. 拉式策略

10-3 通路關係的權力與衝突

　　不論是推式或拉式行銷、密集或選擇性通路，製造商和通路夥伴都希望能夠讓消費者滿意，而且分享獲利。通路衝突，常因彼此作法、意見不同而衍生。例如，製造商希望通路商能夠上架所有產品線商品，但是零售商通常只願意銷售熱門品項，以增加賣場空間獲利，通路商也常常對於進貨價與利潤和製造商斤斤計較，例如：供應商抱怨，需求不旺是由於零售商定價過高，而零售商則抱怨供應商不願降低進貨價格。衝突可以促使通路夥伴，集思廣益，瞭解彼此立場，提出解決衝突方案，使配銷通路運作得更有效率、更和諧，也更有競爭力。

　　通路衝突常常發生於通路夥伴影響力不對稱。影響力弱的一方，常常需要配合整體通路策略，影響力強的一方則主宰通路型態與通路活動，長期存在的通路衝突對於整體配銷系統有一定的潛藏危機。

　　當通路衝突產生時，最好的解決方法就是彼此開誠佈公的溝通，除了可以瞭解彼此立場不同，更可以強化通路成員之間的互信與滿意。

10-3a　營收分享

　　通路衝突來源，經常是酬勞利潤分配不公，假設商品直接由製造商銷售給消費者，售價必須能夠超過生產成本與零售成本（在本情境中，此活動由製造商自己負責），所以製造商的利潤是售價、製造成本零售成本與市場需求交互作用的結果。

　　如果其中加入中間商，而中間商也想從中獲利，但因為通路管理不當，有可能衍生零售價過高，導致市場需求下降。製造商與中間商都無法從中獲利的現象亦稱雙重邊際化（double marginalization），如圖10-7 和圖 10-8 所示。

10-3b　通路整合

　　從字面上可以理解，通路有流通網絡之義，所以不僅有成員參與其中，而且包含服務的功能與作用，如果通路關係經常出狀況，就應該考慮重新設計。公司可以考慮以外包方式或自己從事通路活動，若會影響利潤分享通路衝突困擾，甚至可以考慮進行垂直整合。

　　製造商可以經營自己的零售通路，進行向前整合（forward integration），如 Sony 和 Apple，都有自己專屬零售據點；Ralph Lauren 設計兩種不同通路型態，旗艦店銷售所有產品線，百貨公司據點銷售選擇性流行商品。大部分製造商的整合方式就是經營網路商店。

　　製造商為了控制重要的原物料或零組件，進行向後整合（backward integration），如書商設置自己的儲存倉庫，成為配銷中心，甚至可以從事出版印刷事業，零售商也可以建立自有品牌，創造向後整合優點，如果自有品牌銷售狀況良好，可以提升與製造商議價能力，也可以貢獻獲利，甚至提供零售商與其他競爭者差異化競爭力。

　　以半導體產業為例（圖 10-9），矽晶礦石提供產業鏈：在台灣代工後送往中國組裝，完成的半導體晶片成品運回日本，再依產業需求置入

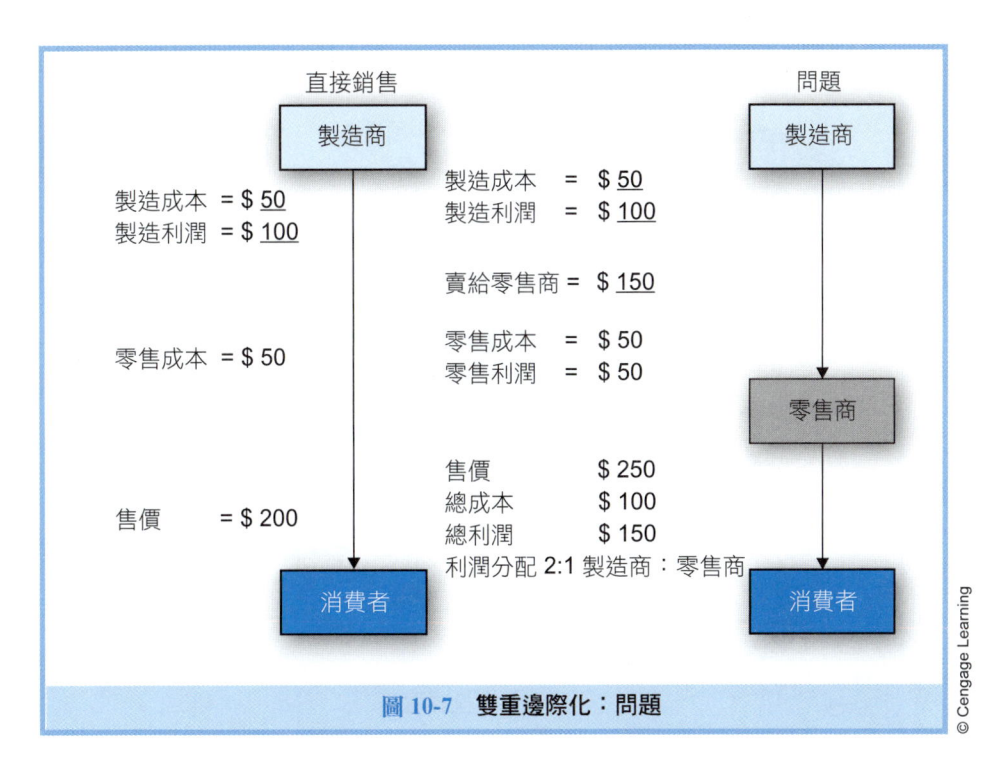

圖 10-7　雙重邊際化：問題

直接銷售

製造商 → 消費者

- 製造成本 = $50
- 製造利潤 = $100
- 零售成本 = $50
- 售價 = $200

問題

製造商 → 零售商 → 消費者

- 製造成本 = $50
- 製造利潤 = $100
- 賣給零售商 = $150
- 零售成本 = $50
- 零售利潤 = $50
- 售價　$250
- 總成本　$100
- 總利潤　$150
- 利潤分配 2:1 製造商：零售商

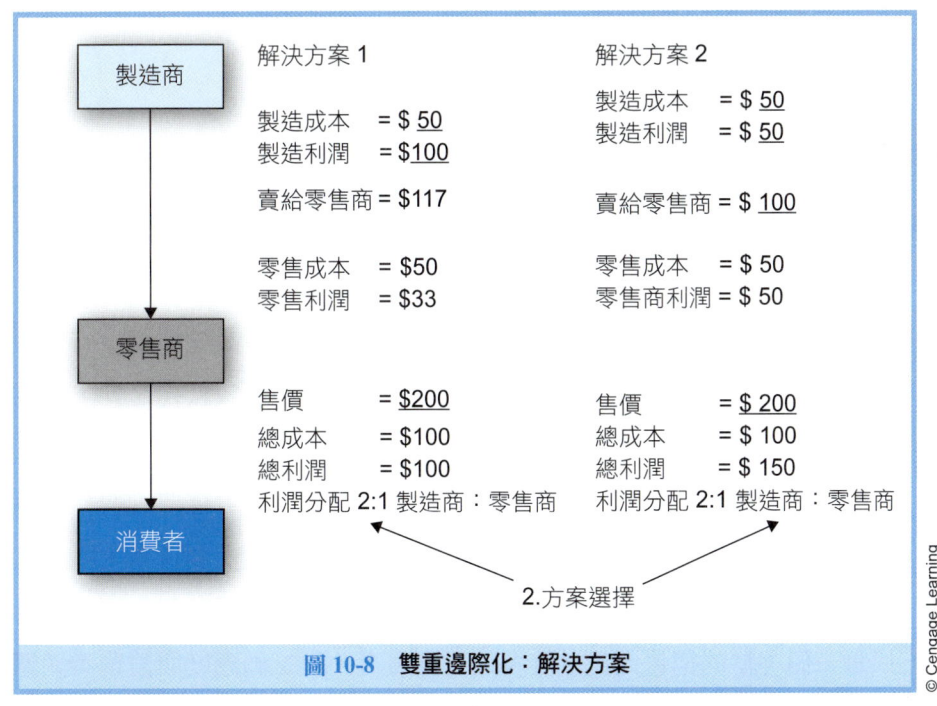

圖 10-8　雙重邊際化：解決方案

製造商 → 零售商 → 消費者

解決方案 1
- 製造成本 = $50
- 製造利潤 = $100
- 賣給零售商 = $117
- 零售成本 = $50
- 零售利潤 = $33
- 售價 = $200
- 總成本 = $100
- 總利潤 = $100
- 利潤分配 2:1 製造商：零售商

解決方案 2
- 製造成本 = $50
- 製造利潤 = $50
- 賣給零售商 = $100
- 零售成本 = $50
- 零售商利潤 = $50
- 售價 = $200
- 總成本 = $100
- 總利潤 = $150
- 利潤分配 2:1 製造商：零售商

2.方案選擇

圖 10-9　全球通路

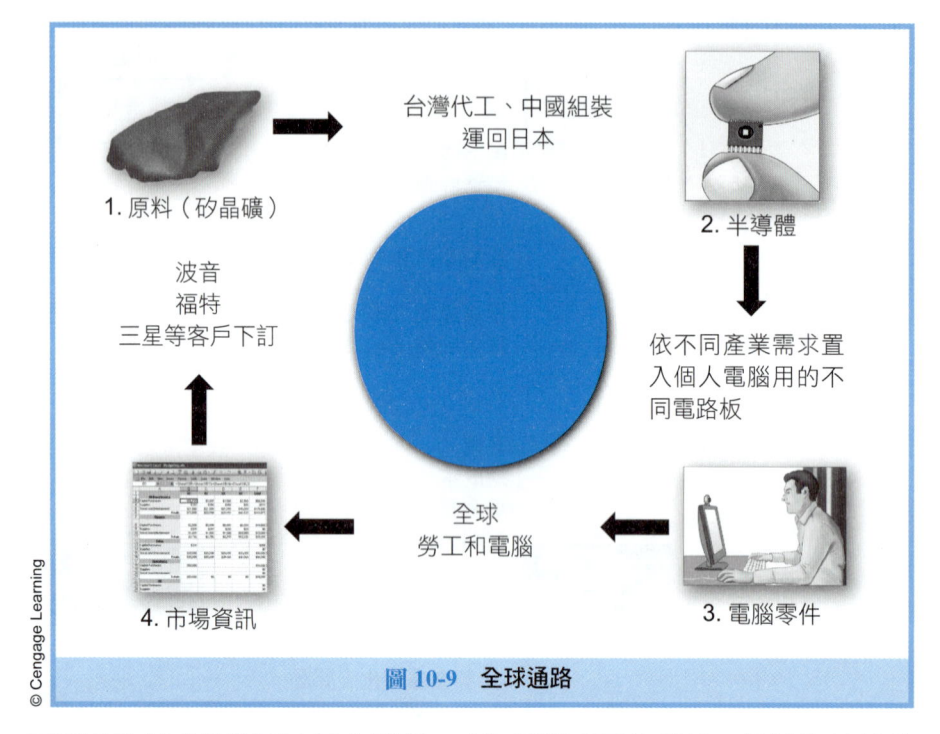

不同電路板或是裝置於個人電腦，成為電腦重要的零件。依據全球勞動與電腦市況可提供品牌商重要的市場行銷決策資訊。

10-3c　零售通路

因為零售業者是直接與最終消費者接觸的，並且掌握消費者消費資訊第一手資料，所以在零售通路的角色中，普遍認為「零售為王」。

依產品線標準，最常見的零售分類有專賣店（產品線深但不廣）、一般商品零售店（百貨公司產品種類廣泛），除了百貨公司之外，也包括倉儲零售商、超級市場、便利商店和藥妝店。

行銷人員普遍認知，前線的員工是與消費者接觸最重要的連結。不幸的是，仍然有些公司主管認為本身產品就能自動吸引消費者，所以只願意支付銷售人員最少的薪水。不言而喻，產品很重要，但它們充其量只是一個沉默的銷售人員。許多的研究證實，員工滿意度與消費者滿意度有正向關係，現代的零售業人力資源觀點是，唯有選擇好的員工、良好的教育訓練、人性化的獎酬制度、充分信任與賦權，才能使消費者快樂。

解構空中巴士通路夥伴

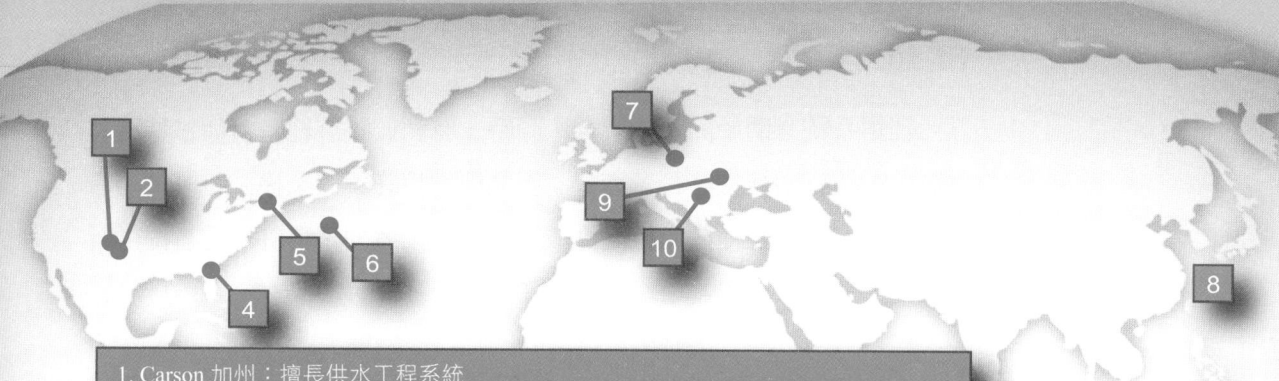

1. Carson 加州：擅長供水工程系統
2. Irvine 加州：檢測 600 個機上座位椅背娛樂設施
3. Perth 澳洲：提供紅粘土鋁礦給
4. Texas 德州：負責鋁塊熔煉
5. Davenport 愛荷華州：製造 1-2 英哩鋁製機翼
6. 卡車載運至馬里蘭州的巴爾的摩市
7. 隨後轉運至北威爾士 Broughton 工廠
8. 在中國製造
9. 在德國進行機身整合
10. 隔夜運至法國波爾多和圖盧茲進行最後組裝

依照最終客戶需求進行A380機身塗裝，包括阿聯酋航空公司、新加坡航空、法國航空、德國航空和韓國航空

空中巴士 A380 發動機供應商來源包括：勞斯萊斯（Rolls Royce）和發動機聯盟（Engine Alliance），協力廠商還包括奇異（GE）和普惠惠特尼（Pratt & Whitney）

為了讓你更了解空中巴士 A380，把它和 A340 放在前後進行比較，A380 只比波音 747 略小，但它需要動用到全球 30 個國家 1 萬 8 千家供應商，需要鋁製零組件高達 1 百萬個，飛機可以搭載 800 人，機翼展開長達 260 呎等。
更多資訊詳見Peter Pae's LA Times "Giant Passenger Plane Requires Giant Supply Chain" 一文。

其他重要的零售議題，包括資訊技術、零售區位評估、零售國際化、委外製造、全球運籌管理、文化衝突、環保議題。

10-3d　特許經營

經銷系統有助於開拓新市場，同時，有利於特許經營者與被特許經營者，主要有兩種特許經營方式：產品配銷特許與商業模式特許。前者是被特許經營者授權成為特定區域配銷商；後者則是特許經營者提供行銷支持品牌名稱、廣告策略給被特許經營者。

10-3e　電子商務

以美國為例，線上零售通路產值約 1,700 億美元，而且每年維持超過 6% 的成長，但仍只佔整體零售業的 4.4%（www.census.gov/estats），所以仍然有許多成長空間不同的通路會吸引不同的消費族群，如何利用網路介面吸引不同消費族群上線購物，電子商務也是重要的議題例如：亞馬遜（amazon.com）、網路雜貨店（NetGrocer）和網飛（NetFix）、圖 10-10。電子商務提供方便、聰明購物環境，但也衍生許多網路資訊安全問題。

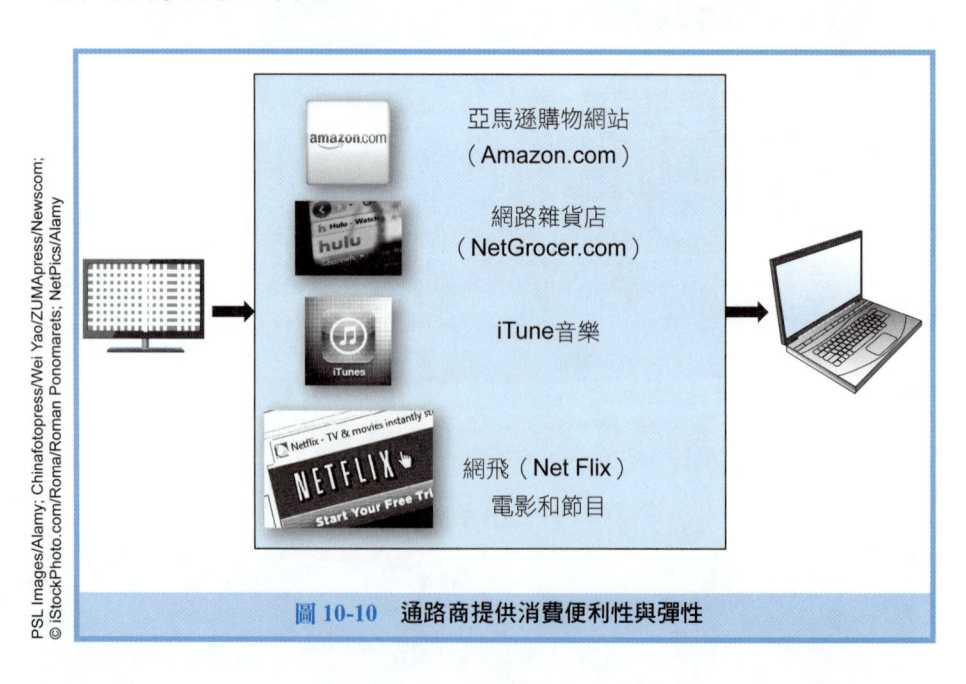

圖 10-10　通路商提供消費便利性與彈性

10-3f 目錄行銷

目錄行銷經常與電子商務結合，線上提供便利的產品資訊蒐集。目錄行銷資訊提供快樂的瀏覽經驗，兩者有相輔相成效果，當消費者欣賞完目錄上的商品時，若能夠透過便利即時的線上購物完成購物體驗，可以更有效率完成交易。

10-3g 銷售人員

關於銷售人員的議題主要有二：配置多少銷售人員才適當？如何激勵銷售人員？針對第一個問題，通常銷售人員數目會依據消費者量決定、拜訪消費者的頻率、服務消費者時間長短等因素決定，當然有時候評估依據會隨著品牌和公司生命週期而有所不同，公司應按照不同公司文化、不同的企業使命、不同的商業目標，有獨特的獎酬補償制度。銷售人員獎酬制度，不只是基本薪資加上紅利，更關鍵的問題是比例的分配，紅利可以是現金、旅遊、獎牌、徽章等。關於轉換成果衡量，可以按照任務的困難程度、專業的難度、工作的態度、公司任務的配合、新舊消費者的開發量、業務成長量、業務同儕相對績效比較等因素。

最後，有三個關於 B2B 買家最經常的抱怨：(1) 業務人員總是不遵守我們的採購流程；(2) 業務人員不瞭解我們的需求；(3) 業務人員拜訪的時機不恰當。銷售部門經理應該檢討並避免發生上述問題。

10-3h 整合行銷通路

公司應該嘗試策略思考，是否有過多的通路影響銷售或利潤？是否應該重置資源分佈與通路選擇？別忘了，在所有思考行銷問題中，最重要的關鍵因素就是你的消費者，行銷人員針對目標消費者，設計有效率的配銷通路，獲取最佳化利潤，因此別忘了要以消費者為中心。

> ### 行銷管理實務個案討論
>
> #### New New 品牌進入藥局通路
>
> New New 品牌是快樂寶貝公司自創的嬰幼童用品品牌，產品不但種類多且品質精良，主要經由現有的兩大通路銷售：公司自有門市通路，以及透過公司轉投資的批銷商進入藥局和嬰童用品店。Andy 是 New New 的品牌事業部經理，希望能為 New New 品牌發展出更多元的通路；思考方向包括是否要進入目前 New New 品牌發展較弱的藥局通路？是否擴大連鎖藥局通路，並鎖定理想的回春連鎖藥局？或者也進入單一藥局通路？是與現有公司指定批銷商合作，或能另找新的經銷商合作？
>
> （資料來源：財團法人商業發展研究院。）

💬 問題討論

1. 在網路上搜尋比較三個特許經營模式，例如，franchise.org、americasbestfranchsies.com 和 whichfranchise.com。在相同產業中選擇二個特許經營（例如，速食業），在其他產業中選擇三個特許經營（例如，理髮業）。試著繪製他們的費用結構表，包括特許之前與之後，什麼樣的因素會使你糾合一些朋友共同投入此一特許經營，例如當你順利完成學位之後？

2. 如果你準備將公司全球化，哪三個國家會是你的首要目標市場，為什麼？什麼樣的策略和產品適合推向上述國家市場客戶？

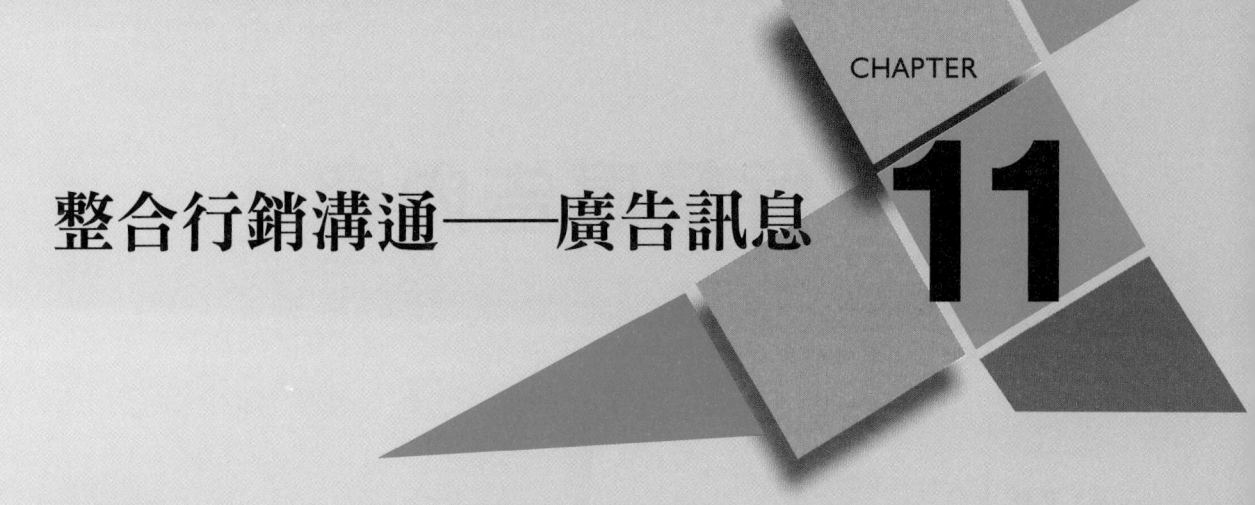

CHAPTER 11 整合行銷溝通──廣告訊息

本章大綱

I 廣告的意涵？
II 廣告的重要性？
III 廣告的行銷目標？
IV 廣告訊息設計
    a. 認知廣告
    b. 情緒廣告
    c. 形象廣告
    d. 名人背書
V 廣告評估？
    a. 廣告態度與品牌態度

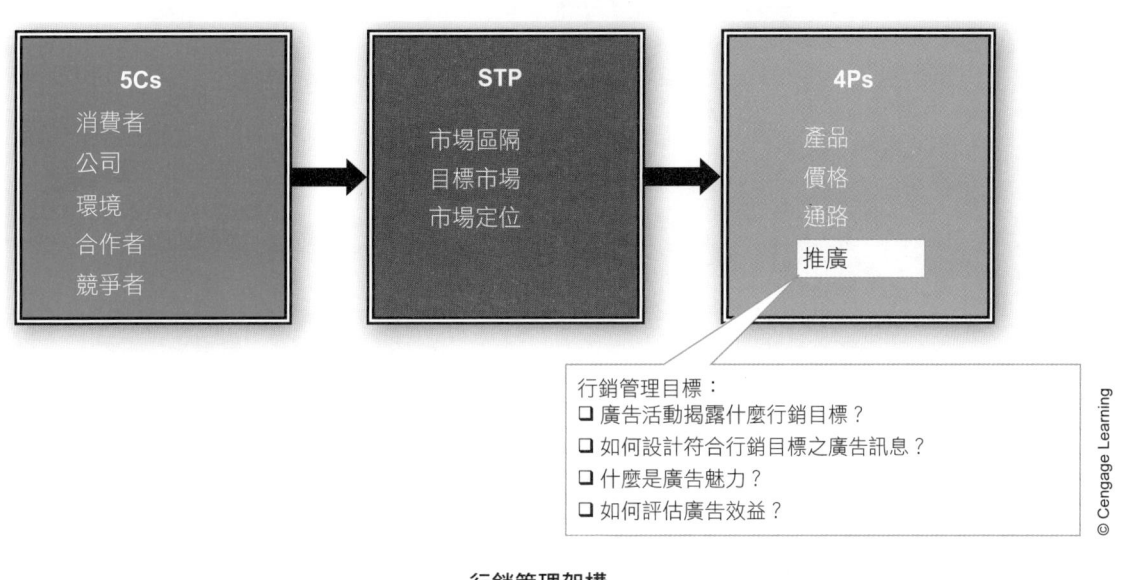

5Cs	STP	4Ps
消費者 公司 環境 合作者 競爭者	市場區隔 目標市場 市場定位	產品 價格 通路 **推廣**

行銷管理目標：
☐ 廣告活動揭露什麼行銷目標？
☐ 如何設計符合行銷目標之廣告訊息？
☐ 什麼是廣告魅力？
☐ 如何評估廣告效益？

行銷管理架構

　　許多公司的執行長最想知道；廣告預算支出是否有效？在回答這個問題之前，可能需要先釐清廣告活動的目的是什麼？完整的行銷計劃應該從目標制定開始，所以廣告開始前應該先瞭解什麼是活動的目標？通常廣告目標包括增加近程的銷售量，或長期強化品牌名望目的，廣告訊

131

解構廣告內容

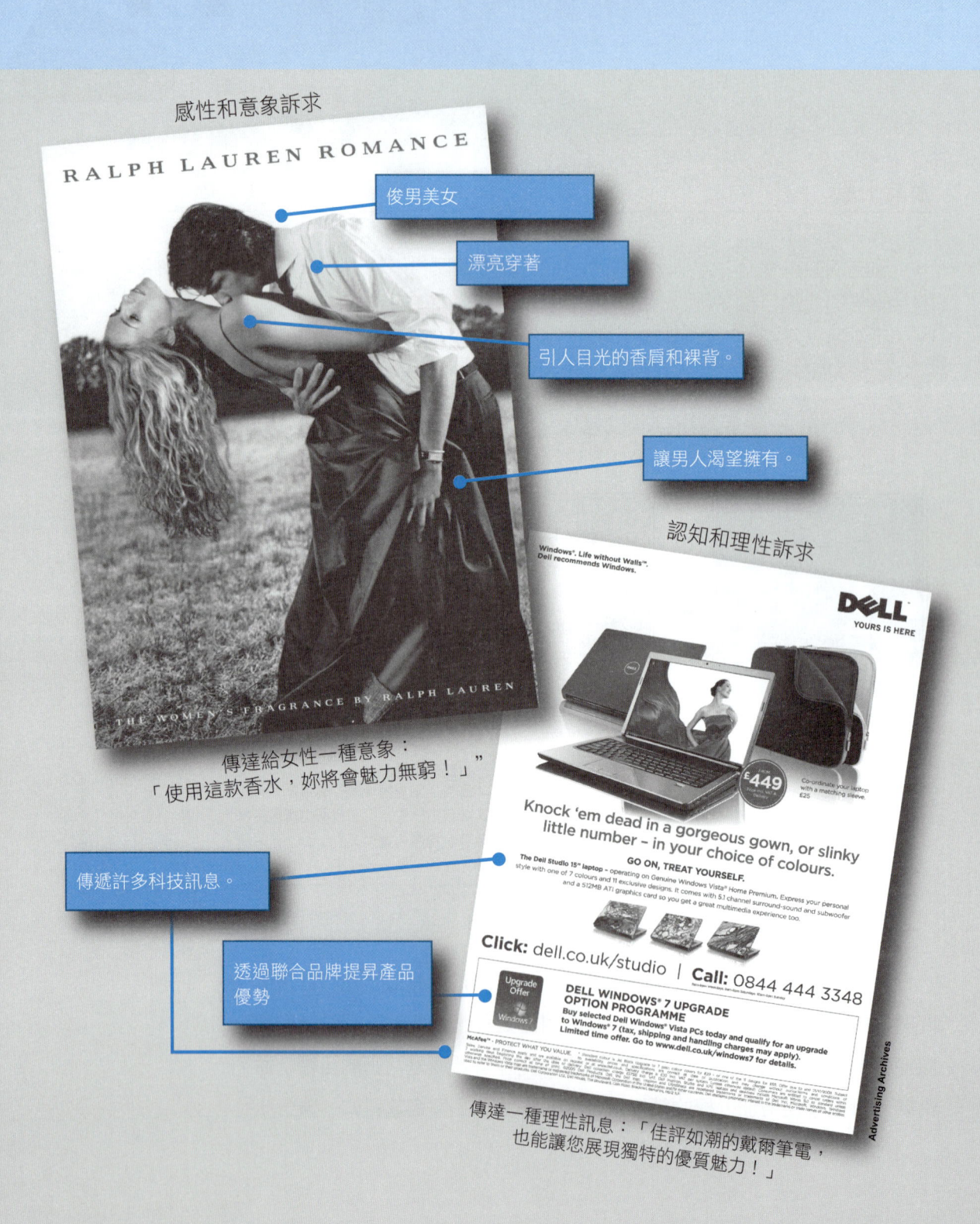

感性和意象訴求

RALPH LAUREN ROMANCE

- 俊男美女
- 漂亮穿著
- 引人目光的香肩和裸背。
- 讓男人渴望擁有。

THE WOMEN'S FRAGRANCE BY RALPH LAUREN

傳達給女性一種意象：
「使用這款香水，妳將會魅力無窮！」

認知和理性訴求

Windows®. Life without Walls™.
Dell recommends Windows.

DELL
YOURS IS HERE

£449

Co-ordinate your laptop with a matching sleeve £25

Knock 'em dead in a gorgeous gown, or slinky little number – in your choice of colours.

GO ON, TREAT YOURSELF.

The Dell Studio 15" laptop – operating on Genuine Windows Vista® Home Premium. Express your personal style with one of 7 colours and 11 exclusive designs. It comes with 5.1 channel surround-sound and subwoofer and a 512MB ATI graphics card so you get a great multimedia experience too.

Click: dell.co.uk/studio | **Call:** 0844 444 3348

Upgrade Offer Windows 7

DELL WINDOWS® 7 UPGRADE OPTION PROGRAMME
Buy selected Dell Windows® Vista PCs today and qualify for an upgrade to Windows® 7 (tax, shipping and handling charges may apply). Limited time offer. Go to www.dell.co.uk/windows7 for details.

McAfee® – PROTECT WHAT YOU VALUE

- 傳遞許多科技訊息。
- 透過聯合品牌提昇產品優勢

傳達一種理性訊息：「佳評如潮的戴爾筆電，也能讓您展現獨特的優質魅力！」

Advertising Archives

息越簡單越好，盡可能一個廣告只有一個目標，因為大部分的廣告無法完成多重目標。

再者，廣告效率很難評估，特別行銷是長期抗戰，無法立即回收。行銷研究專案可以容易測量目標閱聽眾在廣告閱讀前後的態度差異。

11-1 廣告的意涵

廣告主要的意義，是企業針對目標消費者溝通產品特色。市場品牌定位與產品相關訊息，廣告是最直接的溝通連結。

對大多數人而言，「廣告」（advertising）就是電視廣告。電視廣告與平面廣告是主要的廣告支出，廣告內容包含眾多的品牌內涵，如產品、價格。因此，有些廣告專家指出，廣告就是行銷溝通，因此廣告任務，包含公共關係、直效行銷等，亦稱整合行銷溝通（integrated marketing communications, IMC）。

11-2 廣告的重要性

廣告的第一個重要性，就是吸引消費者的注意，公司從區隔市場中，選擇目標消費者，企業提供產品資訊，給這些目標消費者，以便消費者做購買決策。廣告的第二個重要性是，說服潛在消費者，證明公司的品牌優於競爭者，公司強調產品特色或產品利益勝於其他競爭者品牌。

再者，廣告同時帶來長期與短期效應。短期而言，短期效應發生在廣告被揭露後立即快速產生，例如：消費者的廣告記憶、品牌記憶，還有品牌屬性等，都很容易測出。

無庸置疑地，廣告可以創造銷售和獲利。偶爾短期的銷售，在廣告期間有明顯增加，但對於行銷人員來說，如果目標只是增加銷售，沒有任何方法比降價促銷更快。長期而言，廣告的效應會持續一段時間；相對地，效益較不易量測。廣告的角色，是強化品牌知名度、建立消費者正向態度、品牌資產認知等。就增強態度而言，會反映在消費者的行為上，如更多的購買、買更貴的商品、更常購買，並主動產生產品口碑。

接下來，我們將討論廣告訊息內容，廣告是豐富的溝通內涵，廣告可以傳遞理性資訊，也可以感性渲染，我們必須知道行銷和廣告策略目標，以便選擇特定型態廣告。

11-3 廣告活動的行銷目標

廣告可以用來闡述許多目標，注意、興趣、欲望、行為模型（Attention, Interest, Desire, Action, AIDA）是常見的廣告目標模型，如果廣告的第一眼就能夠吸引目標閱聽眾的注意，然後引起他們的興趣，並誘發潛在渴望需求，最後付諸購買行動。

另一個廣告效益模型，則稱為情感、行為、認知模型（Affect, Behavior, Cognition, ABC）（如圖11-1），其中情感（A）目的，就是強化品牌態度與品牌正面聯想；行為（B）目的，就是鼓勵消費者購買更多產品；認知（C）目的，就是增加品牌知名度。

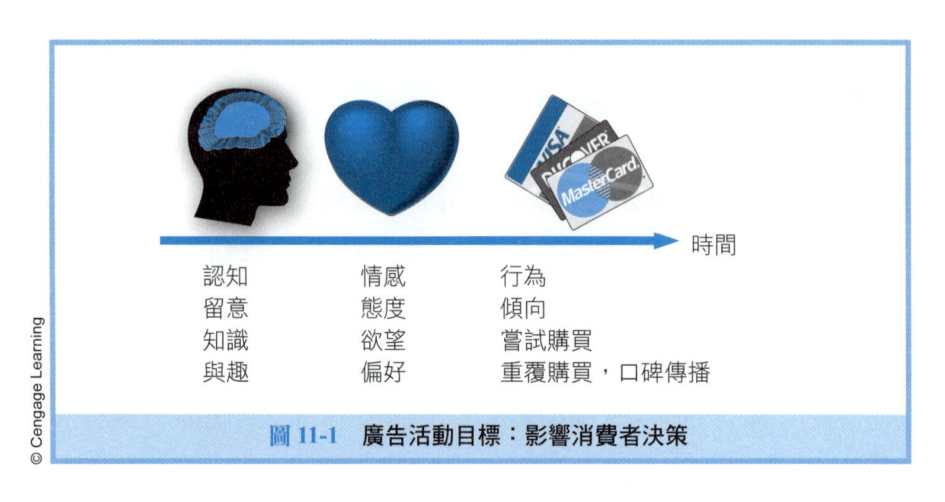

認知	情感	行為
留意	態度	傾向
知識	欲望	嘗試購買
興趣	偏好	重覆購買，口碑傳播

圖 11-1　廣告活動目標：影響消費者決策

我們希望廣告影響消費者認知、消費者情緒或行為，也就是行銷人員所說的：「贏得消費者的心」。這些目標與產品的生命週期息息相關。

◆ 在早期產品生命週期階段，廣告活動的重點是讓消費者認識產品名稱、產品特色與產品差異。

◆ 在產品成長階段，品牌已具有知名度，廣告活動的重點在於強化目標市場消費者正面態度。

◆ 在產品成熟階段，知名度與消費者態度都已成形，廣告活動的重點在於，提醒消費者品牌的存在。

- 最後，當產品階段進入衰退期，廣告活動預算減少，品牌逐漸退出市場。

11-4 廣告訊息設計

廣告就是公司對潛在消費者的溝通。行銷人員必須瞭解雙向溝通的基本模式。廣告模式包含廣告資訊來源、廣告訊息內容與廣告接收者。廣告來源是一個特定的產品資訊，經過編碼然後傳播出去；廣告訊息接收者會針對特定的廣告訊息解碼。行銷人員期待廣告接收者詮釋廣告訊息內容能與訊息傳送者相同，但是往往會有不同程度的差異，因此廣告測試是廣告播放之前的重要工作。

廣告溝通的方式有很多種，主要兩種方法是認知或情緒。認知廣告型態，也是理性廣告；情緒廣告主要利用幽默、恐懼，又稱為潛意識廣告。

11-4a 認知廣告

認知或理性廣告，吸引消費者購買商品，這種廣告以實用為訴求，廣告的內容傾向於資訊性，著重在產品的屬性和產品的利益。

- 非比較性廣告（noncomparative ad）：提到單一品牌，還有它的產品特色屬性，想像產品利益、形象和產品定位，並不涉及競爭品牌比較，如圖 11-2。
- 比較性廣告（comparative ad）：提到單一品牌，並且將競爭品牌展示在廣告中，透過與競爭品牌的比較，強化自己品牌優勢，引導消費者直接比較兩者品牌，如圖 11-3。

11-4b 情緒廣告

另一種廣告，使用幽默誘發消費者情緒。幽默廣告常見於各種產品，而且能夠有效吸引目標閱聽眾的注意（如圖 11-4）。然而，並不是所有幽默廣告都有效，有時候閱聽眾記得廣告的笑話，卻不記得廣告中的產品，而且幽默廣告的吸引力容易快速褪色。

圖 11-2　非比較性廣告：品牌獨特性；熱門商品

圖 11-3　比較性廣告

圖 11-4　幽默廣告

圖 11-5　形象廣告

11-4c　形象廣告

　　形象廣告比產品特色廣告來得抽象。形象廣告的主要目的是區別品牌與其他競爭者的品牌印象（如圖 11-5）。形象是一種認知，希望透過這種消費者認知，使消費者更確定產品市場定位。形象廣告利用產品的價格與通路型態，來傳達產品形象認知。

11-4d　名人背書

　　名人背書廣告，利用代言人代表品牌（如圖 11-6）。廣告主角除了有特色的名人專家，或一般素人，提供自身體驗的產品經驗以外，名人廣告更希望由名人的正面聯想轉移至產品。使用名人背書廣告也有風險，名人的形象與品牌形象，經由代言其關係變得息息相關。

　　專家背書廣告，不像名人背書廣告那麼常見。一般而言，較常見於高科技產品，如電腦設備或藥品。關於背書廣告的觀念，可以利用推敲可能模型（elaboration likelihood model, ELM）理論：訊息會經由兩種途徑進入腦海推敲可能模型，即中央路徑或邊陲路徑。消費者高度涉入品牌或產品時，傾向仔細思考所有產品資訊；邊陲路徑，對於產品資訊內容未仔細推敲思考，並產生購買決策。

圖 11-6　名人背書

11-5　廣告評估

　　廣告測量的重點，就是廣告活動的目標，包括品牌認知、品牌影響、品牌行為。廣告評估，就是針對目標閱聽眾進行識別回憶（recall）評估。評估調查項目，包括刺激態度測量、資訊態度測量、負面情緒測量、移轉態度測量、滿意態度測量、辨識態度測量、廣告問卷測量結果，以及廣告主預算支出比較。

11-5a　廣告態度與品牌態度

　　行銷人員評估廣告兩個基本態度：廣告態度（attitude-to-the-ad）和品牌態度（attitude-to-the-brand）。企業與廣告代理商滿意他們創造一則有趣的廣告，而且消費者喜歡，這就是廣告態度；但行銷人員在意的是廣告可以影響品牌的正面態度，因為行銷人員相信消費者正向的品牌態度可以誘發銷售。

解構廣告創意

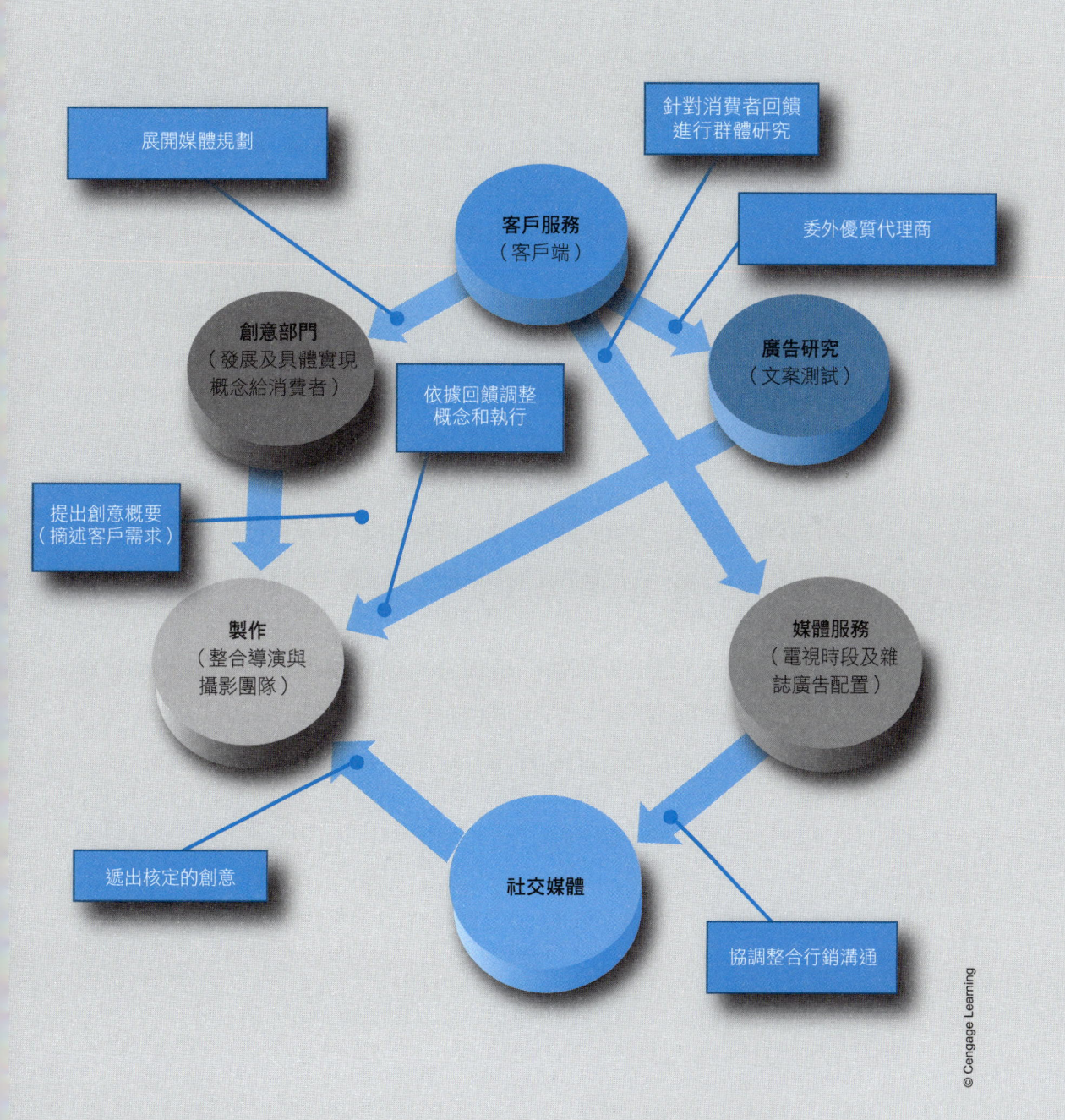

- 展開媒體規劃
- 針對消費者回饋進行群體研究
- 委外優質代理商
- 客戶服務（客戶端）
- 創意部門（發展及具體實現概念給消費者）
- 依據回饋調整概念和執行
- 廣告研究（文案測試）
- 提出創意概要（摘述客戶需求）
- 製作（整合導演與攝影團隊）
- 媒體服務（電視時段及雜誌廣告配置）
- 遞出核定的創意
- 社交媒體
- 協調整合行銷溝通

行銷管理實務個案討論

大型與小型事件行銷如何維持相同的消費者滿意

　　L童裝為業界之領導品牌，行銷部門除了促銷（sales promotion, SP）檔期的活動規劃外，常常舉辦事件行銷（event marketing），希望藉此提升品牌形象，增加L童裝在消費者心中的品牌價值。童裝業界的其他競爭者亦常舉辦品牌形象活動，但是礙於人力、物力和財力，單日參加者規模只介於一百至二百人間。L童裝以大型園遊會的概念，舉辦大型兒童運動會，單日參加者的規模可達五千名寶寶，藉此提高模仿門檻與活動曝光效果。但如何在近十倍的活動人潮下，仍然能具有小型活動的活動品質，且兼顧每一個消費者的消費者滿意度，是本個案欲討論的重點。

（資料來源：財團法人商業發展研究院。）

問題討論

1. 拆解一本你最喜歡的雜誌，並且依據認知、情感與行為目標等廣告訴求加以分類？你最喜歡其中哪一則？上述廣告訴求是否讓你更了解這些品牌？
2. 想像一下，您正準備設計一則廣告，包括汽車，筆記型電腦和醫療診所。當你的目標客群如下，你的廣告會如何設計？(a) 老人；(b) 孩子；(c) 富人；(d) 您想找什麼樣的名人為你的品牌代言？為什麼？

CHAPTER 12

整合行銷溝通──媒體選擇

本章大綱

I 媒體決策
　a. 廣告接觸率、頻率、總收視率
　b. 媒體規劃與時程
II 跨媒體整合行銷溝通
　a. 媒體比較
　b. 廣告意涵
　c. 行銷目標
III 廣告效益評估

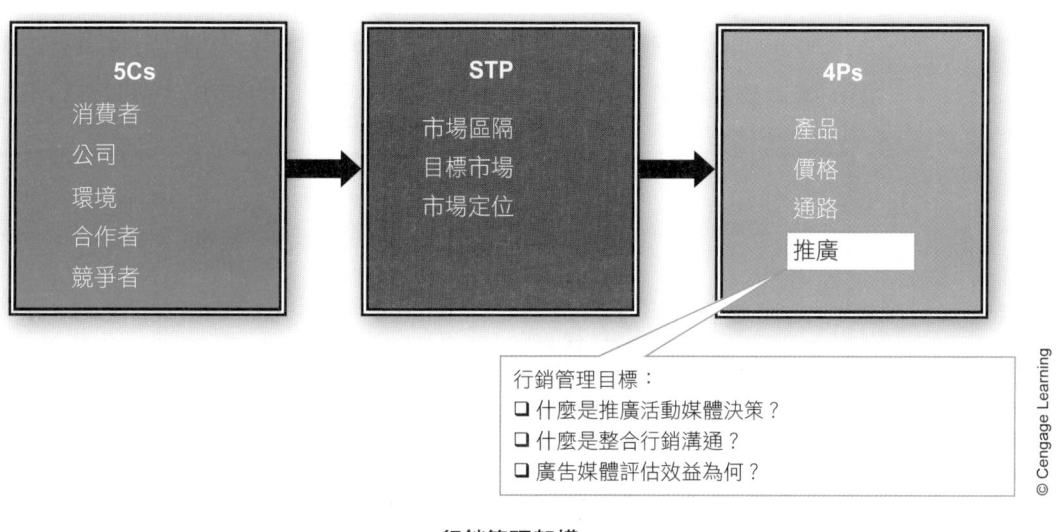

5Cs
消費者
公司
環境
合作者
競爭者

STP
市場區隔
目標市場
市場定位

4Ps
產品
價格
通路
推廣

行銷管理目標：
❑ 什麼是推廣活動媒體決策？
❑ 什麼是整合行銷溝通？
❑ 廣告媒體評估效益為何？

行銷管理架構

　　廣告是經由最適媒體組合，增強廣告訊息，傳達給目標閱聽眾。本章討論媒體選擇。媒體選擇多樣化，不同的媒體適用於不同的廣告目的。廣告預算受限，因此在媒體選擇時，必須將資源分配至不同媒體，整合行銷溝通媒體組合，在其早期企劃階段就應明定不同媒體預算分配，以達到不同消費者接觸點效率。

12-1 媒體決策

有幾個媒體問題經常被討論：我們有多少的預算？預算排程是什麼？什麼媒體是我們的廣告溝通通路？針對第一個問題，可用以下三個方法決定：

1. 廣告預算可以參考過去幾年的平均值。
2. 廣告預算支出可以參考競爭者的支出。
3. 公司可以採取策略廣告目標，如強化知名度或正面品牌態度。

上述第一個方法比較容易，在今年的廣告需要思考的問題是需要多少的增加量。如果行銷目標是維持市場的品牌佔有，大約與去年的廣告量相同；如果公司欲提升整體產品線及正面市場形象，就必須增加廣告支出；如果公司欲榨取品牌，而且改變行銷重點到其他品牌，廣告量就會相對地驟減。

第二個方法也相對容易，不同的產業有不同的廣告使用量需求，例如：啤酒產業約是營業額的 8% 至 10%，廣告量的使用大約與產品市場

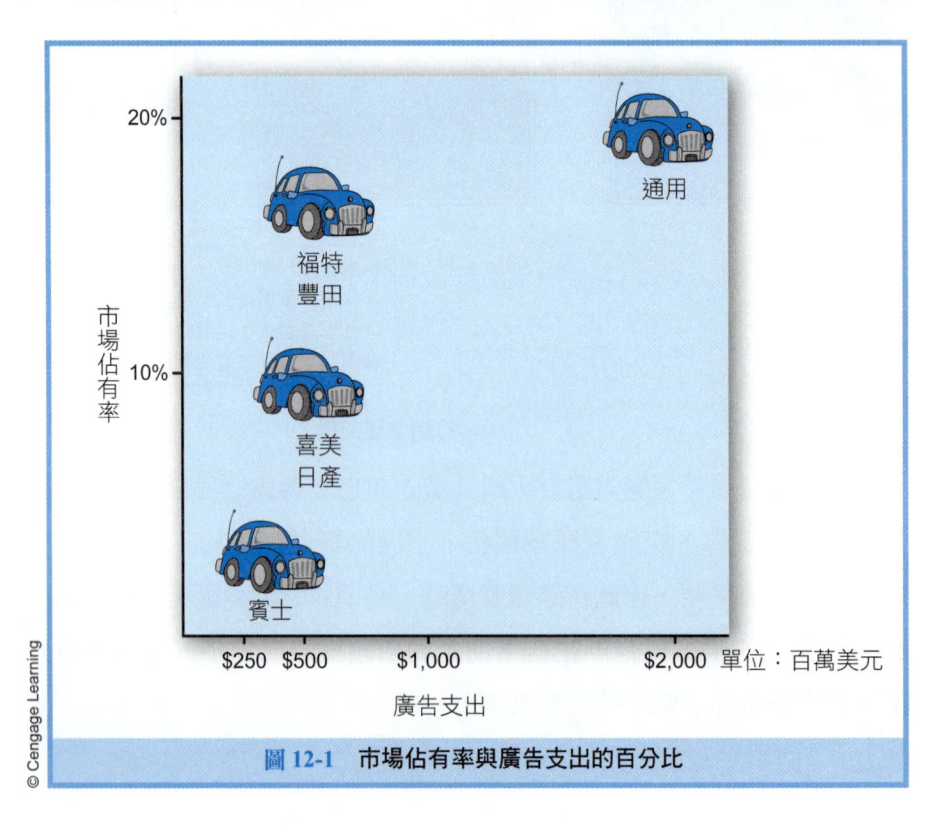

圖 12-1　市場佔有率與廣告支出的百分比

的佔有率相稱。如圖 12-1 所示，在主要的汽車製造商中，通用花費最多的廣告預算，同樣也有最高的市佔率福特、豐田和其他的品牌，花費較少的廣告預算，市佔率亦較少。有些廣告預算，使用觀念相去不遠，如較大的廣告預算可以增強銷售、較大的公司有較多的廣告預算。

另一個方法，更策略化使用廣告預算，也就是把廣告支出當作投資，投資的希望銷售與利益的回饋，這個方法主要的挑戰在於廣告影響不易評估，尤其長期的效應更難評估。因此，我們需要先瞭解廣告的曝光量，以及曝光的目標，然後再評估多少預算可達到此目標。

12-1a　廣告接觸率、廣告接觸頻率與總收視率

廣告代理商致力達到廣告總收視率（gross rating points, GRP），不論廣告是置於電視、雜誌或公車車體外，廣告總收視率作用來自廣告接觸率與廣告接觸頻率。

- **廣告接觸率**（reach），指多少目標閱聽眾佔有率（或百分比），看過你的廣告。
- **廣告接觸頻率**（frequency），指在一特定期間內，目標閱聽眾看過廣告次數。
- **廣告總收視率**（Gross rating）的定義：廣告接觸率（Reach）× 廣告接觸頻率（Frequency）。

舉例來說，如果廣告接觸率是 25% 的目標閱聽眾，平均有三次的廣告接觸，我們可以說廣告總收視率 75（75 GRPs）。廣告接觸率的目標，是盡可能將廣告曝露於目標閱聽眾前，因此主要的挑戰在於找到最有預算效率的媒體播放廣告。過去的研究發現，廣告資訊要曝露三次才有其廣告效果，但是對於好的廣告設計內容，一次或兩次就已足夠，但對於有些消費者，則需要廣告曝露三次以上。

對於廣告頻率的基本問題是：什麼是廣告的目標、知名度與記憶？或許不需要太多次，如果產品較複雜，或閱聽眾不熟悉，要達到說服效果就需要比較多次，但是並不代表越多次越好，太多次的廣告曝露，廣告的效果反而會減少，降低廣告的效率，對於廣告內容反而產生厭倦。

完成三十秒的電視廣告，至少需要五十萬美元。過去的研究顯示，廣告推廣預算與公司市場價值正相關。

12-1b 媒體規劃與時程

圖 12-2 顯示數個電視節目的收視率，與每三十秒的廣告播放成本，換句話說，你付越多就得到越多，但是並不代表熱門電視節目就會有比較多的閱聽眾揭露廣告訊息。舉例來說，電視影集《疑犯追蹤》（Person of Interest），收視率是 15.6，轉換成收視家戶數約 1,750 萬戶，這個節目以每三十秒收費 23 萬 5,000 美元。如果你是麥當勞的廣告代理商，你正推廣麥當勞的早餐，多少元的早餐銷售，值得在這個節目播放廣告？如果每一份餐點的獲利是 0.5 美元，所以你需要 $235,000/0.50 = 470,000 銷售，所以只要 2.7%（= 470,000/17.5 百萬）收視這個節目的觀眾揭露這個廣告的訊息，就可能達到目標。媒體計劃與播放市場執行依據電視收視率，常用來評估觀眾收視情況，一個百分比收視率代表 1,120,000 收視家戶數。

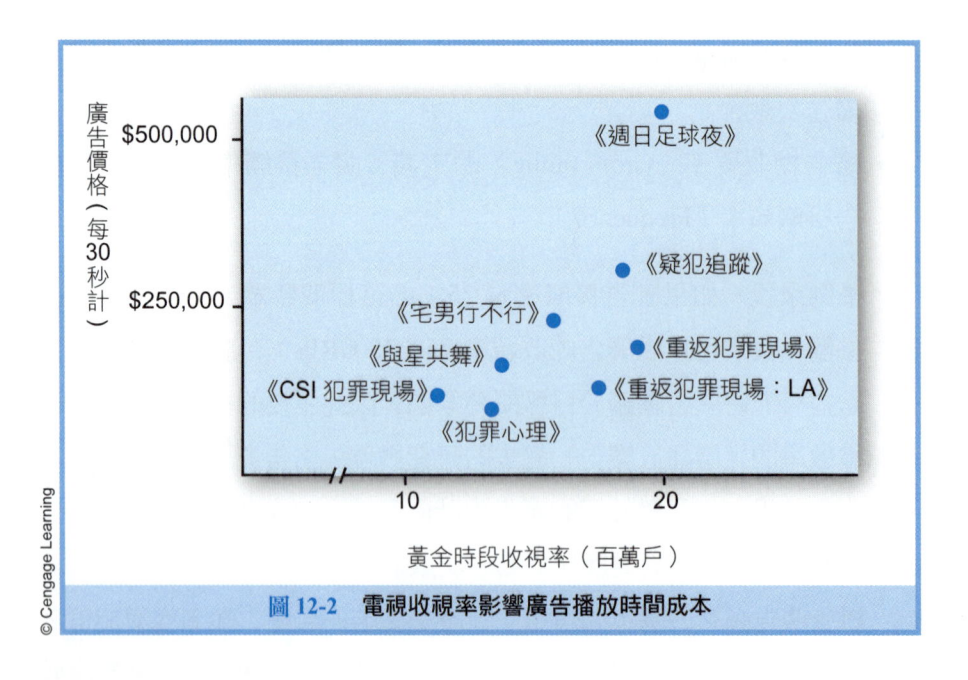

圖 12-2 電視收視率影響廣告播放時間成本

12-2 整合行銷溝通

瞭解廣告預算多少與廣告播放時程後,我們面對下一個廣告決策就是溝通平台,這個問題選擇通常包含電視、電台、報紙、雜誌,或甚至網路。這個問題比以前複雜,因為媒體種類更多。廣告專家建議,因為採用整合行銷溝通策略,行銷經理需要瞭解各種媒體優勢,這是一個很重要的問題。因為廣告經理需要無縫整合各種媒體優勢,加強行銷訊息溝通效果。IMC 思考邏輯是:IMC 如同有效率的資訊處理加速器,確認所有的行銷活動經由一致的廣告訊息內容,將行銷組合元素融入廣告內容設計與包裝,並有效率執行廣告預算與廣告溝通目標。

研究建議,IMC 操作與高知名度品牌忠誠銷售有正向關係。IMC 希望取得一加一大於二的廣告效果,將過去散落於各部門的行銷預算整合規劃。

12-2a 媒體比較

圖 12-3 指出電視、廣播、報紙、雜誌、廣告看板、網路和直效郵件等。熱門媒體相對優勢,電視廣告成本最高(每三十秒播放時間約五千至十萬美元)。即便電視頻道越來越多,仍然是最高的廣告接觸率媒體,雖然接觸率高,但是因播放成本昂貴,播放頻率相對較少;電台與報紙則適合全國性商品廣告,但也可以使用於特定市場;特定的雜

媒體	成本	接觸率	播放頻率	特定市場
電視	$$$$$	★★★★★	★★	★★★
電台	$$	★★	★★★	★★★
報紙	$$	★	★	★
雜誌	$$$	★★★	★★	★★★
廣告看板	$$	★★	★★★	★★
網路	$	★★★★	★★★★	★★★★
直效郵件	$	★★★★	★★★	★★★★

圖 12-3　媒體選擇:廣告收益評估相對優勢

誌對應特定市場區隔；廣告看板相對較便宜，但只對於特定收視族群有效率。

電台、雜誌和報紙比電視廣告廉價，如電台廣告每一分鐘250美元、報紙一頁五千美元等，每一種媒體有其特性，雜誌有較長的揭露時間與廣告內容品質。當然，每一種媒體也有其缺點，直效郵件相對便宜，但是廣告效果較差，有些收件者常常以垃圾郵件處理。好的消費者資料處理器，可以改善直效郵件效果不佳。

圖 12-4 顯示上述媒體對於不同廣告內容表現優勢比較。電視廣告訊息需要簡單直接，如同電台廣告訊息，電視廣告亦可表現比較活潑方式，包括情緒、幽默表現方式。另外，印刷品廣告形式可以傳達較清楚仔細的產品資訊。

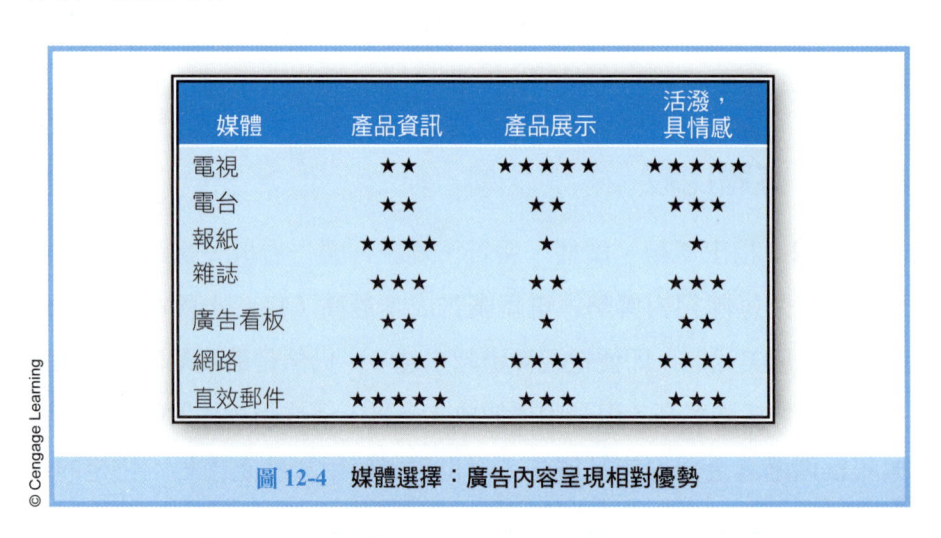

媒體	產品資訊	產品展示	活潑，具情感
電視	★★	★★★★★	★★★★★
電台	★★	★★	★★★
報紙	★★★★	★	★
雜誌	★★★	★★	★★★
廣告看板	★★	★	★★
網路	★★★★★	★★★★	★★★★
直效郵件	★★★★★	★★★	★★★

圖 12-4　媒體選擇：廣告內容呈現相對優勢

12-2b　廣告意涵

廣告之外，銷售人員、銷售推廣和公共關係等等，都在傳達一致的行銷目標，所有的媒體和參與的人員都代表公司和品牌。

銷售人員（personal selling）是公司根本溝通載具。根據美國勞工部公佈，約有 1,400 萬個銷售職缺，雖然直效行銷、網路都可以針對消費者客製化，但仍無法取代銷售人員的面對面溝通，銷售人員的成本不只是薪酬。圖 12-5 指出，公司花費在廣告銷售推廣只是一小部分，大部分廣告預算是用在銷售通路的夥伴。

圖 12-5　溝通與推廣預算分配

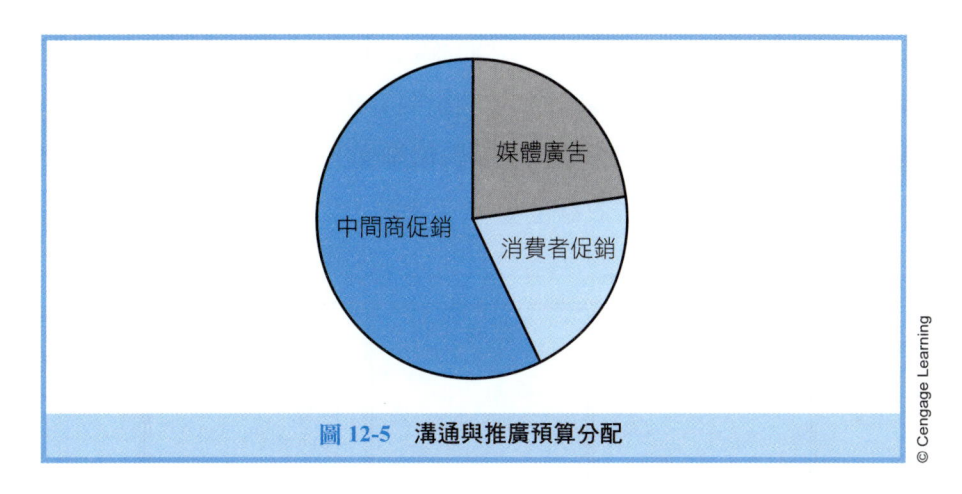

公共關係（public relations, PR），是另外一種提供產品資訊與建立品牌特性的方法，經由公共關係的溝通，可以協調消費者、供應商、股東、公部門、員工或社區關係。

產品置入（product placement），比一般的廣告技巧更高。有越來越多的廠商使用置入性行銷（每年超過一百億美元）。置入的對象，包括電影、電視、線上遊戲、產品融入節目情節，利用劇中角色與場景揭露產品相關訊息。

事件贊助（event sponsorship），運動賽事是事件贊助最熱門的標的，NASCAR 賽車是熱門的贊助活動，目前約是第十七大的贊助運動，每場賽事平均有十萬觀眾到場參加，平均票價為每人九十美元，電視收視率持續上升，相關商品銷售超過二十億美元。

銷售促銷（sales promotion）是 IMC 組合中另一個工具，最廣為周知的銷售促銷就是折扣券。折扣券形式多元，可以插入在報紙、雜誌、直銷郵件、結帳收據，甚至網路列印。價格促銷引發購買興趣，對於短期銷售有顯著效果，價格促銷也是誘發消費者轉換品牌的有效工具。

12-2c　行銷目標

現代的市場媒體眾多，品牌經理在決定 IMC 選擇時，需思考兩個問題：(1) 誰是我們的目標閱聽眾？(2) 我們的溝通目標是什麼？——知名度、產品特色或利益資訊提供、強化品牌特色、深化消費者偏好、購買刺激、再購鼓舞、品牌轉換誘因？

針對媒體選擇之前，應思考兩個問題：(1) 你的預算多少？(2) 最適合你目標消費者是什麼？圖 12-6 舉例說明 IMC 進行時程，包含時間、媒體選擇、廣告訊息。很多公司將廣告預算支出集中在聖誕節假期，因此本案例希望最大的廣告效益是在 12 月發酵，如圖 12-6 所示。

一月	二月	三月
		品牌 促銷 雜誌廣告 線上折價券
四月	五月	六月
	公司廣告 目標市場 有線電視廣告	
七月	八月	九月
	品牌 校園線上公告 當地報紙插頁公告	透過當地電台建立品牌廣告推薦給朋友
十月	十一月	十二月
知名度廣告： 三個電視台廣告提供更多資訊	鼓勵購買； 事件行銷等活動，大學足球杯賽事期間刊登三則廣告	耶誕前夕三個當地電視台廣告和報紙廣告；假期後採折扣活動

圖 12-6　整合行銷溝通時程案例

12-3 廣告效益評估

不同的廣告目標，廣告的效益評估也不同。舉例來說，如果行銷目標是強化知名度和記憶，廣告的接觸率會比廣告的頻率重要，評估的重點是閱聽眾與流通數量、廣告揭露程度、目標閱聽眾覆蓋率。如果品牌知名度已在目標消費者中盛行，廣告活動的目的則在於消費者態度調整。

線上廣告對於行銷人員充滿價格誘因,但廣告的效益較不易評估,點擊率是一種簡單評估網路效果。然而,點擊率並不等於購買率。選擇媒體的標準需考慮公司預算、產品屬性特色、媒體通路特性、廣告溝通目標、目標閱聽眾、媒體使用習慣、廣告訊息內容呈現等因素,考慮最適方法就如同 IMC 的整合概念。

行銷管理實務個案討論

歐洲鄉村風格的童裝專賣店如何進行推廣活動?

Y 集團原本已銷售許多知名童裝品牌,後來取得國際知名服飾 P 品牌的授權,可以在台彈性製造及銷售該品牌服飾。原本 P 品牌只侷限於兒童服裝用品,但公司想利用現有資源,衍生到女裝產業,再發展配件及其他用品,開發不同的客層與客源,增加銷售對象及提高營收。個案中討論 P 品牌成立專賣店的原因、適合的推廣活動,以及如何評估各個活動效果。

(資料來源:財團法人商業發展研究院。)

問題討論

1. 選擇一則你最喜歡的廣告,從網路、廣播和雜誌,並且設計一個整合行銷活動運用在其他媒體。例如,如果你在廣播聽到一則喜歡的廣告,你會設計什麼樣的互補性網絡廣告和雜誌廣告。公司透過上述新增和互補性媒體可以獲得哪些利益?
2. 如果你準備鎖定一群八歲到十三歲的客戶,你會選擇哪一種媒體?如果這些男生三十歲了?六十歲了?而你正負責市立表演藝術中心的行銷工作,你將會選擇哪一種媒體進行廣告宣傳?

CHAPTER 13

社交媒體

本章大綱

I 社交媒體
   a. 社交媒體類型
   b. 口碑傳播
II 社會網絡
   a. 影響來源
   b. 推薦系統
III 社交媒體分析
   a. 購買前：知名度
   b. 購買前：品牌考慮
   c. 購買或行為參與

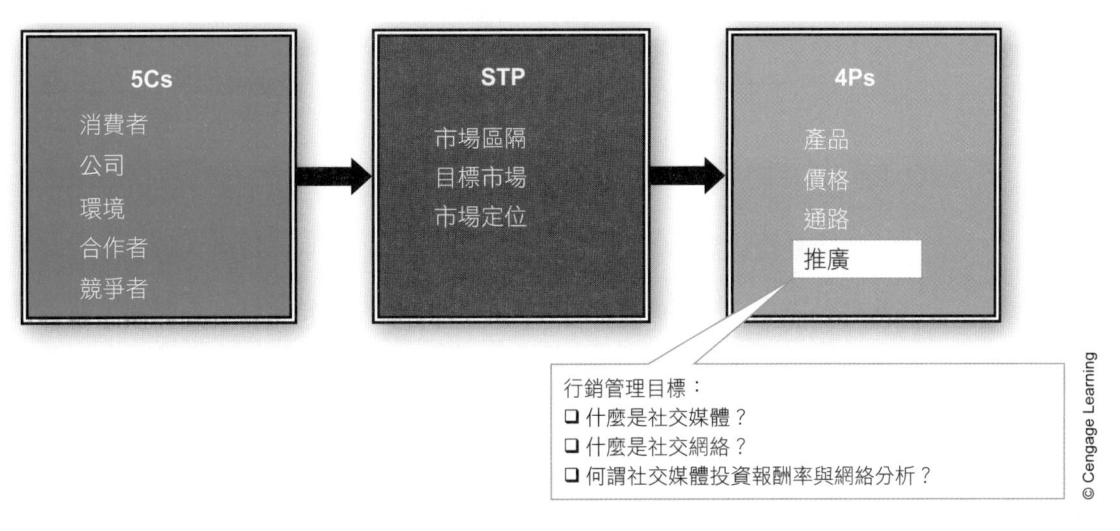

5Cs	STP	4Ps
消費者 公司 環境 合作者 競爭者	市場區隔 目標市場 市場定位	產品 價格 通路 **推廣**

行銷管理目標：
- 什麼是社交媒體？
- 什麼是社交網絡？
- 何謂社交媒體投資報酬率與網絡分析？

行銷管理架構

13-1 社交媒體

網際網路，不僅縮小人與人之間的距離，使人際溝通更為頻繁容易，同時網路改變商業經營模式，大幅降低溝通成本，電腦科技也不斷的發展，體積越來越小、功能越來越強大，並且價格越來越便宜。

智慧型手機普遍化，帶來行動行銷快速成長，人們使用智慧型手機傳遞電子郵件，使用臉書（Facebook）分享資訊和娛樂影片，智慧型手機裝置GPS，幫助我們搜尋目的地，也協助行銷人員連結消費者。再者，更多app軟體開發，協助行銷人員進行行銷活動。

新興科技的進步，也影響傳統媒體的改變：

- 報紙發行量減少。
- 進步的衛星科技，更多的電台。
- 電視頻道不斷成長，社交媒體已成為社交生活的一部分，人們更頻繁的利用網路彼此交流，建立網路社群。

在社交媒體的環境中，消費者與行銷人員或品牌直接對話。在傳統的媒體中，消費者幾乎是單向溝通的接受者；但是在現在的社交媒體環境中，溝通是雙向，甚至是多向的，消費者發表正面的品牌經驗，也是經由網路傳遞出去，行銷人員瞭解他們正在流失溝通的控制權，因此只能隱藏在網路中參與消費者的對話。

13-1a　社交媒體類型

「社交媒體」亦即經由線上軟體或電子載具，提供人際之間的互動和連結平台。社交媒體提供豐富的社交經驗，有些社交媒體提供非常豐富生動的視覺經驗，如虛擬世界或線上遊戲，還有動態視覺與立體音效。相對於其他的媒體就比較簡單，像社交媒體的臉書提供朋友聊天，分享照片、音樂和影片，分享生活的點滴。

13-1b　口碑傳播

社交媒體對商業影響的重要影響現象，可以促進口碑傳播（word of mouth, WOM）。在社交媒體科技發展之前，行銷人員早就知道口碑的影響與重要性，消費者對於廣告總是存疑，影響訊息的說服力，口碑的效力不同於商業廣告，圖13-1顯示，你告訴幾個朋友新產品使用經驗，依序告訴他們的朋友，就像YouTube，快速被分享產品使用經驗，先進的社交媒體更加速口碑傳遞。

●　你
●　你的朋友
●　你的朋友的朋友

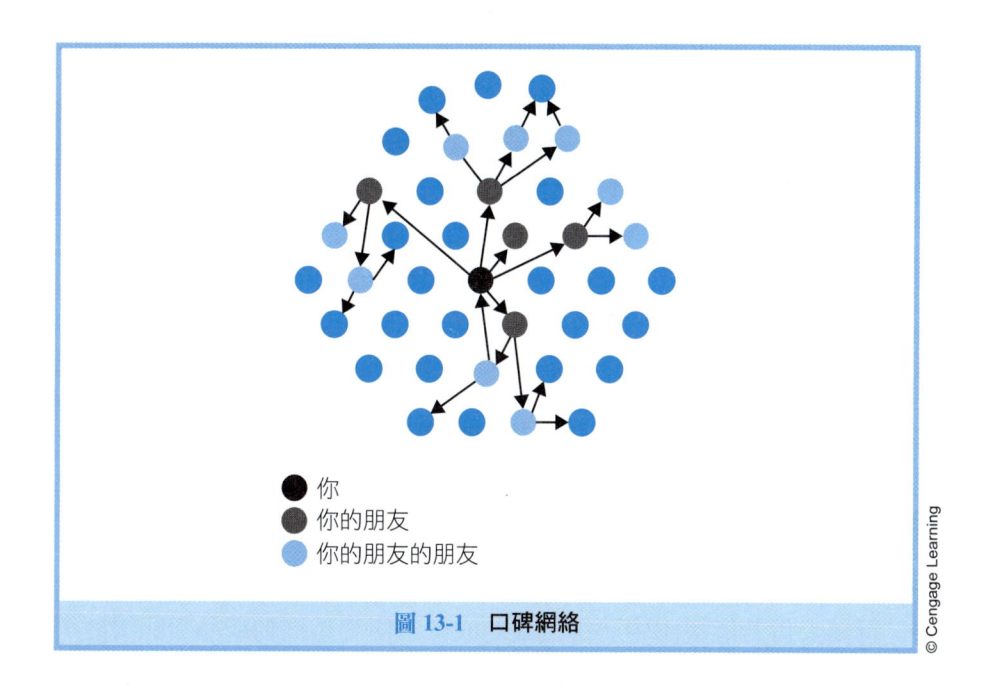

圖 13-1　口碑網絡

13-2　社會網絡

　　關於網絡研究，包含許多不同學門，如流行病學、運輸交通與現代商業經營（如口碑傳播），其中研究的關鍵都集中於網絡連結，網絡連結主要有連結者或連結點（actor or node）與相關的連帶（tie）。相互連帶的連結者或連結點，可以是消費者、公司、品牌觀念或想法、國家等，聯繫的原因可以是水平互動、可以是有方向性，也可以是多元關係。

　　網絡關係經常以社會關係圖表示，但分析慣用社會矩陣呈現。圖13-2，顯示六個連結點的網絡與相互反應的矩陣資料，有一個強連帶介於連結點 B 與 E，還有弱連帶 C 與 B、F 是一個孤立連結，B、C 與 E 形成一個群體。當然，現實人際網絡複雜許多。

13-2a　影響來源

　　許多影響聲音存在於各產業中，如專家意見，會影響消費者偏好與購買決策。人際網絡的影響開始於家庭與社會化，從網絡分析資料中，容易分辨影響者的存在。在許多的社交連結據點或社交團體中，成員可以發現有些成員比較主動連結，並對其他成員產生影響，行銷人員嘗試

圖 13-2　社會關係圖與社交矩陣

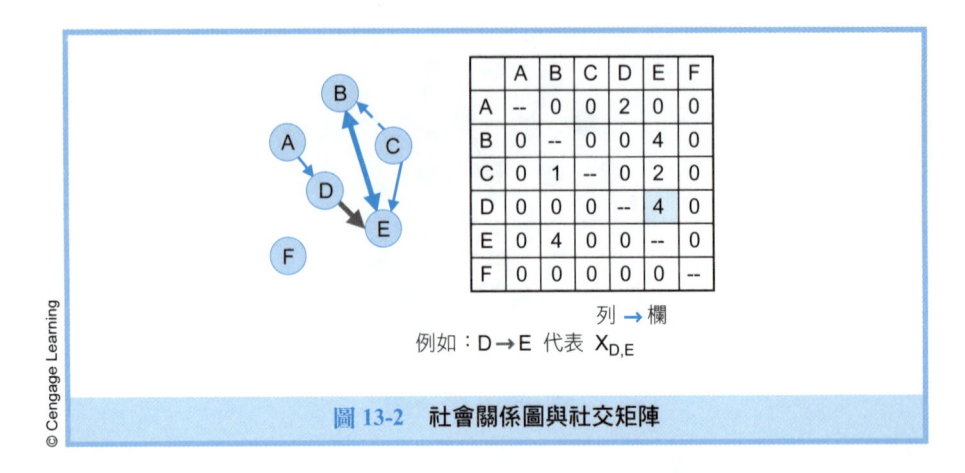

例如：D→E 代表 $X_{D,E}$

誘發影響者對成員啟動影響意見，刺激產品使用意願，並鼓動成員擴散產品訊息。

行銷人員若能找出中心指數高的成員，便容易推動產品資訊擴散，中心指數計算成員位置與其他成員相關強度最容易，最常見的形容中心特徵，就是計算每一個連結點與其他連結點的連線數（如圖 13-3），連結點的連結線越多，表示其中心性越強，連結線少的節點則表示位於網絡邊陲。

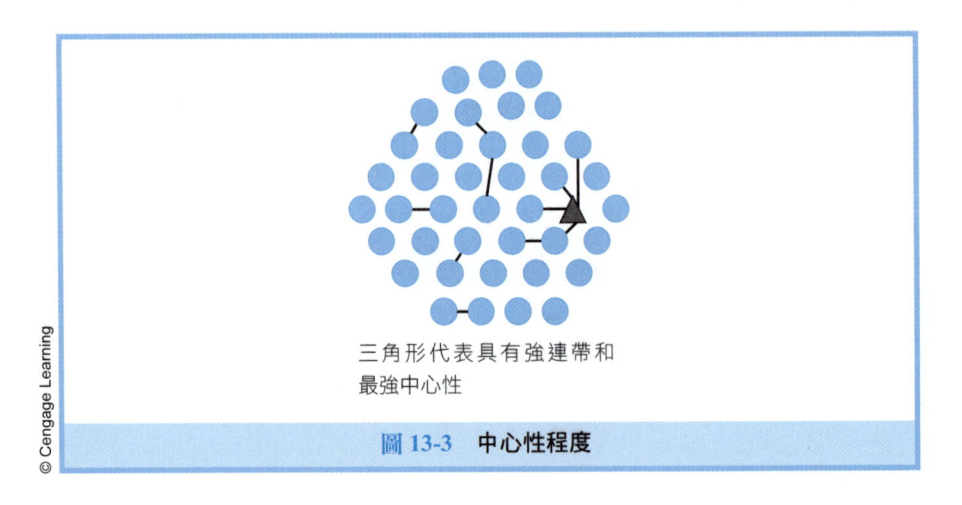

三角形代表具有強連帶和最強中心性

圖 13-3　中心性程度

13-2b　推薦系統

推薦系統意見來自網路陌生人的產品使用贊同，卻左右許多消費者的產品資訊蒐集方向，甚至購買決策，易形成另一種類的口碑傳播。因此，許多新產品上市，行銷人員會邀請部落客嘗試新產品使用並撰文

（開箱文），放置於部落格，分享部落格粉絲閱讀，甚至有些付費方式，形成專業撰寫產品推薦文的網路寫手。

13-3 社交媒體分析

如何評估社群媒體投資效益（投資報酬率）？一直是行銷人員與公司最關心的問題。天下沒有白吃的午餐，雖然網路行銷活動成本相對於實體行銷活動成本大幅減少，但仍需預算支持，至少一天二十四小時，一週七天的系統維護需要給付專業人員的薪資。如果勞動薪資是主要的經營成本，要如何評估效率或關鍵績效指標（key performance indicators, KPIs）？社群媒體的 KPIs 評估與評估傳統廣告效率相似，行銷人員可以評估接觸次數、接觸頻率、消費者金錢價值、消費行為、態度、記憶（回憶、辨識）等。

13-3a　購買前：知名度

在購買前階段，行銷人員要消費者會記住他們的品牌，並且考慮購買他們的產品，如果我們希望增加知名度，就盡可能需要考慮目標閱聽眾最佳的接觸率。媒體行銷人員也可以考慮用獎勵激勵目前的消費者，提供產品口碑，在消費者網絡中傳播。

13-3b　購買前：品牌考慮

購買前的下一個階段，希望消費者考慮他們的品牌。行銷人員需要提供更多的產品資訊，以便建立消費者對於品牌相關知識，並盡可能強化產品訊息的說服力，為了達到這個目的，行銷人員需要利用媒體傳達更多品牌內容，如行銷人員利用搜尋引擎網站置入廣告，或提供產品資訊、消費者使用口碑影音短片，同時行銷人員也可以使用關鍵字，協助潛在消費者完成蒐集產品資訊目的，為了主動廣泛的網羅潛在消費者，模糊設定相關關鍵字，可以達到讓更多消費者考慮他們的品牌。

13-3c　購買或行為參與

消費者進入購買階段，行銷人員會使用各種誘因促使潛在購買者行動。例如，一旦消費者光臨網站，可從以下問題瞭解他們的網路行為：

- 他們瀏覽哪些訊息？
- 他們點閱哪些產品資料？
- 他們停留在哪些網站？時間多久？
- 他們是否訂閱產品資訊電子報？

如果清楚仔細蒐集潛在消費者的網路資料，投資報酬率（ROI）就可以計算更精準。行銷目標也會影響相關成本，如取得成本估計，搜尋引擎廣告置入費用或橫幅廣告費用、資料庫租金。

行銷管理實務個案討論

文學宴

F 公司是一家點心與菜餚並重的江浙料理餐廳，配合新店開幕，運用「事件行銷」的手法成功推出「金庸宴」及「張愛玲宴」。個案透過業務會議評估兩次文學宴的關鍵成功因素及效益，討論決定文學宴主題必須考量的重點、「事件行銷」可能運用的方式及面對的困難。個案中行銷經理被賦予再次推出文學宴的任務，在有限的廣告預算下，如何為 F 公司創造曝光率及銷售量為本個案討論的重點。

（資料來源：財團法人商業發展研究院。）

問題討論

1. 您是否曾經閱讀過產品推薦？在購買之前？你並不認識這些人，你怎麼判別他們是否值得信任？你會用什麼樣的提示去斷定誰知道他們談論的內容？
2. 選擇一個實境真人秀節目，反思什麼樣的因素讓一個普通人也能成名？這對於我們的社會究竟是好是壞？

PART 4

產品定位──
消費者觀點

CHAPTER 14 顧客關係

本章大綱

I 消費者評估法重要性
II 消費者產品評估
　a. 期望來源
　b. 期望與經驗
III 產品品質與消費者滿意度
IV 消費者忠誠與消費者關係管理
　a. 近期、頻率與金額
　b. 消費者終生價值

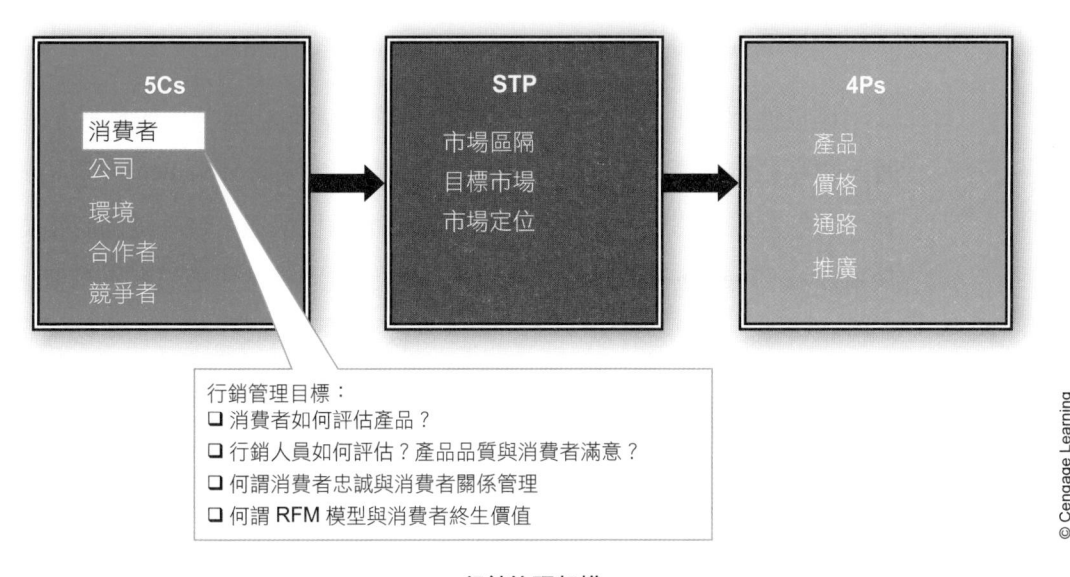

```
┌─────────┐      ┌─────────┐      ┌─────────┐
│  5Cs    │      │  STP    │      │  4Ps    │
│ 消費者  │ ───▶ │ 市場區隔│ ───▶ │ 產品    │
│ 公司    │      │ 目標市場│      │ 價格    │
│ 環境    │      │ 市場定位│      │ 通路    │
│ 合作者  │      │         │      │ 推廣    │
│ 競爭者  │      │         │      │         │
└─────────┘      └─────────┘      └─────────┘
```

行銷管理目標：
☐ 消費者如何評估產品？
☐ 行銷人員如何評估？產品品質與消費者滿意？
☐ 何謂消費者忠誠與消費者關係管理
☐ 何謂 RFM 模型與消費者終生價值

行銷管理架構

14-1 消費者評估與重要性

消費者評估方法有許多種，包括：消費者滿意、品質認知、消費者再購意願、消費者傳播口碑意願等等。

159

在本章中,我們將討論消費者評估方法。行銷人員認為,讓消費者滿意是企業經營最底線。消費者行為層級從知名度、試用(買)、重複購買、消費者忠誠。行銷人員希望從新消費者的滿意到消費者忠誠。真正的忠誠消費者是,喜愛品牌經常購買,熱衷於告訴其他人關於自己的使用經驗,甚至願意以較貴的價格購買這個品牌。在本章中,我們亦將討論消費者評估,還有如何轉換成消費者關係和消費者終身價值。

14-2 消費者產品評估

消費者購買商品,是用主觀的期望評估購買標的,這樣的比較性評估過程,如圖 14-1,這樣的評估有三種可能結果:

1. 如果消費者的使用經驗超越他們的期望,消費者高興。
2. 如果消費者的經驗如同他們期望的,消費者滿意。
3. 如果消費者的經驗低於他們期望的,消費者不滿意。

比較性模型,是一種直覺且來自於購買者的心理。比較性評估過程,視產品涉入高低有所差別,對於低涉入(low-involvement)產品購買,諸如習慣性的牙膏品牌日常購買,評估過程快速,幾乎是同時;對於高涉入(high-involvement)產品購買的比較過程會仔細思考,消費者對於購買標的物比較在意,產品的價格較高或產品較複雜。有些公司認

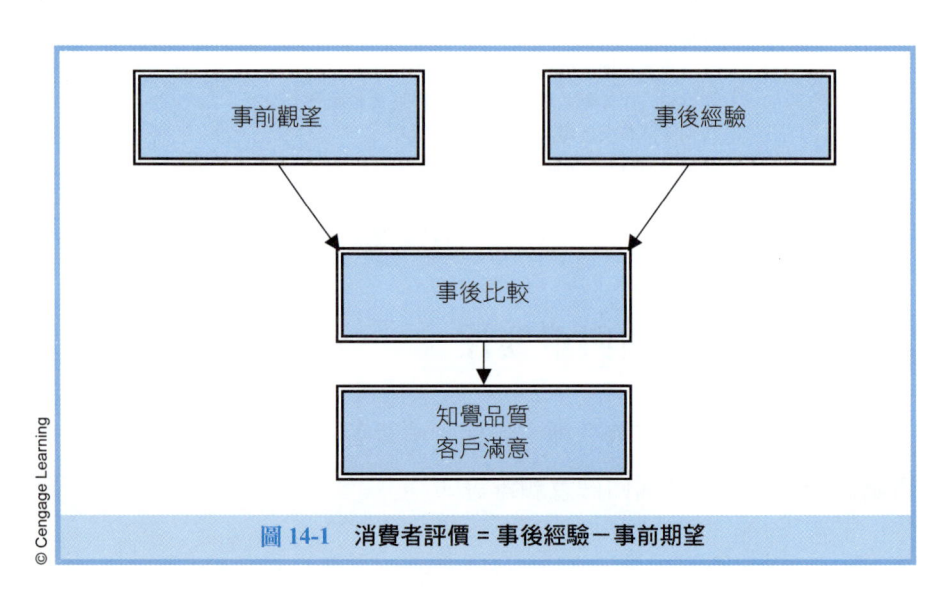

圖 14-1 消費者評價 = 事後經驗 － 事前期望

解構消費者滿意問卷調查

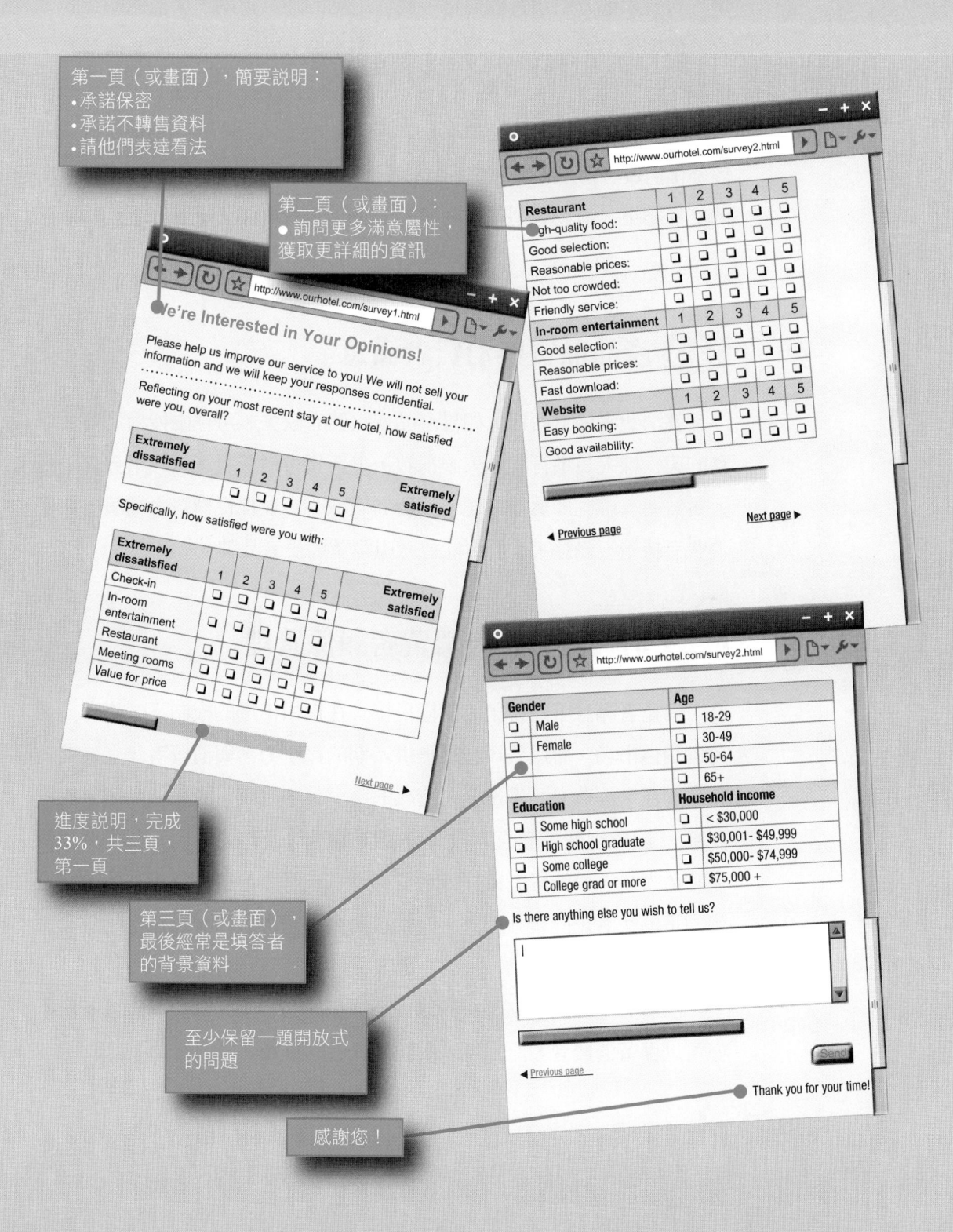

第一頁（或畫面），簡要說明：
- 承諾保密
- 承諾不轉售資料
- 請他們表達看法

第二頁（或畫面）：
- 詢問更多滿意屬性，獲取更詳細的資訊

進度說明，完成33%，共三頁，第一頁

第三頁（或畫面），最後經常是填答者的背景資料

至少保留一題開放式的問題

感謝您！

為,滿足消費者困難,不過大部分的消費者期望並非不理性。行銷人員瞭解期望有三種形式:品質的理想水準、品質的預期水準與品質的適當水準。對於大部分的消費者而言,屬於平均的品質預期水準搖擺的空間,介於低期望的適當水準和超越平均預期水準一點,這個空間又稱為忍受區域。

消費者的期望會受到價格或成本影響,因此有些行銷人員認為公司應該強化消費者認知價值,而不是消費者滿意。價值是購買品質與支付成本的交易結果,消費者期望是動態的,去年的購買經驗不等於今年的購買經驗。

14-3 產品品質與消費者滿意

就消費者滿意而言,如果產品或服務有缺失,可經由授權消費者服務的第一線人員進行服務失誤補救,重新獲得消費者滿意,第一線服務人員需要具備立即重複問題、消費者同理心,並提供消費者補償,如果消費者持續不滿意,他們可能會考慮購買競爭者品牌。

14-4 消費者忠誠與消費者關係管理

消費者滿意不是行銷的終極目標,在自由市場的機制下,沒有公司可以獨佔市場,所以公司必須提供長期的競爭力,與消費者建立長期的正向關係。消費者不僅是公司產品的購買者,也有可能是產品銷售的推動者, 因此消費者滿意背後有許多更值得討論的議題,許多測量消費者評估方法,如消費者偏好、消費者滿意或購買形象。行銷人員希望見到的是消費者正向增強行為,如重複購買和消費者口碑,甚至建立真實的消費者忠誠。

消費者忠誠是建立長程的消費者關係的第一步。消費者忠誠制度不僅可以保留消費者,而且可以增加消費者購買量。

14-4a　購買近期，頻率與金額

　　消費者忠誠制度邀請消費者成為會員，企業就可以享受消費者購買頻率與購買量增加的好處，同時可利用消費者關係管理系統，追蹤消費者消費行為、習慣與內容。消費者關係管理系統可以提供消費者資訊，如最近購買時間與購買內容、購買頻率、消費金額等，提供消費者購買紀錄。圖 14-2 近期購買、購買頻率、購買金額矩陣 (Recency-Frequency-Monetany value, RFM) 說明，這三類資料可發現最有價值的消費者，我們可以提供更多的資源、更好的誘因來吸引最有價值的消費者。一般而言，CRM 資料庫包含消費者聯絡資料、消費者人口統計資料、生活型態和心理描繪資料、網路使用習慣資料、消費交易資料、行銷促銷反應率、消費者抱怨等等。

14-4b　消費者終生價值

　　如消費者評估購買價值——購買標的物的品質是否與支付價格相符？公司評估消費者對於公司帶來多少價值，有些消費者取得成本昂貴，有些消費者則是維持成本昂貴，如何以利益最大化區隔消費者，並且知道應提供哪些消費者區隔服務？針對上述問題，公司需要如何評估*消費者終生價值*（customer lifetime value, CLV）。

　　圖 14-3 說明 CLV 展開觀念。模型涵蓋三個要素：金額、時間、財務技巧。投入金額需要先評估：

- 取得成本估計。
- 再購成本估計。

消費者平均貢獻；時間投入包含：

- 每年再購遞減率。
- 產品平均壽命。

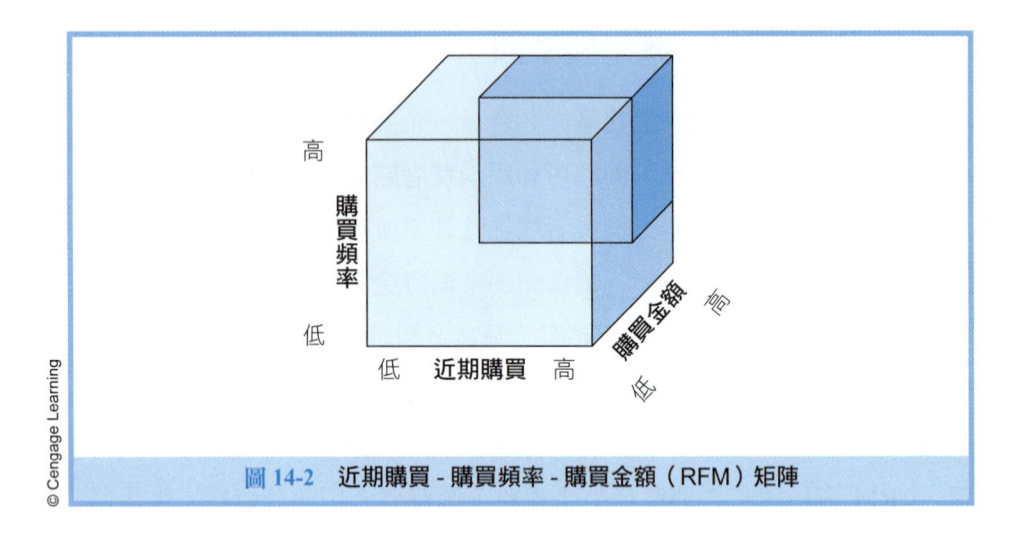

圖 14-2　近期購買-購買頻率-購買金額（RFM）矩陣

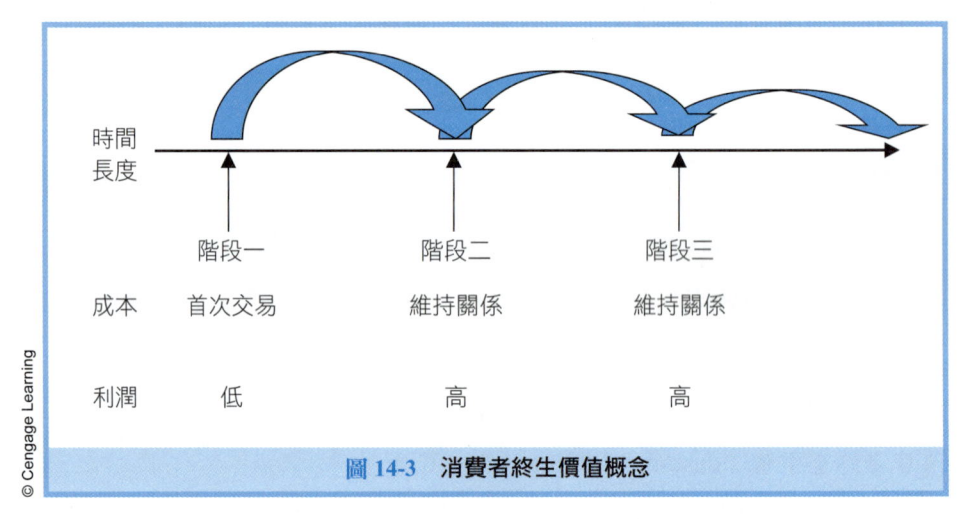

圖 14-3　消費者終生價值概念

　　行銷人員應該思考 CRM 是一個完整管理消費者關係的策略方法，以創造股東價值。從這個觀點來看，CRM 是核心事業，公司就是以消費者為中心，所以整體 CRM 的策略就是贏得並保留有利潤的消費者。

行銷管理實務個案討論

如何提升門市人員服務品質

　　3C 數位公司特賣活動後，消費者的客訴比平常來得多，把訴願消費者當成 VIP 的營業陳協理，定期審視客訴的內容及處理的方式與結果，發現抱怨包括特賣活動服務人員不足，消費者常有被冷落或招待不周；另外，營業人員的服務態度不佳、送修產品一直沒有消息等問題，長久以來還是沒做到最好，陳協理為此召集檢討會議，針對上述消費者訴願提出改善措施。

（資料來源：財團法人商業發展研究院。）

問題討論

1. 許多新事業都是為了解決客戶的不滿意而產生。想一想哪些產業都是為了解決客戶不滿意等問題。例如，如果你發現搭機很煩人或是你不滿意你的牙醫或是教授？你會如何進入並改變這項產業，藉由提高客戶滿意讓公司獲利？
2. 上網搜尋下列產品類別的生命週期平均長度，包括購屋、汽車、健身房會員、嬰兒尿布、避孕藥、威而剛。

行銷研究工具

CHAPTER 15

本章大綱

I 行銷研究的重要性
II 集群分析——市場區隔
III 知覺圖分析——市場定位
　a. 屬性基礎
　b. 多元尺度
IV 焦點團體——產品概念測試
V 聯合分析——產品屬性測試
VI 消費者掃描資料分析
VII 問卷調查分析

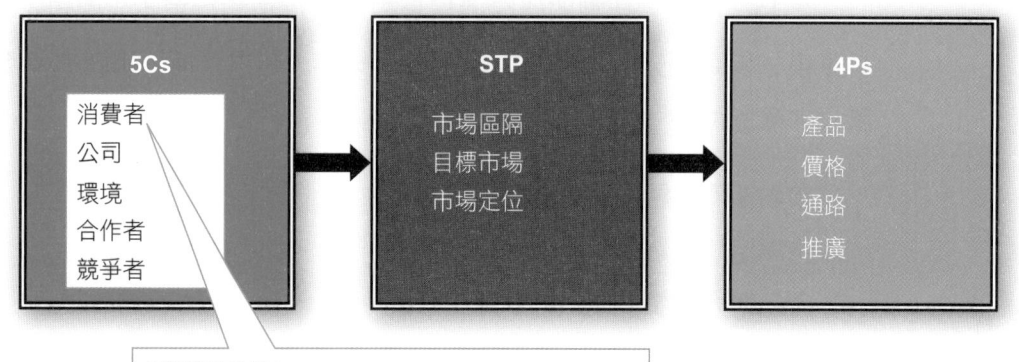

5Cs
消費者
公司
環境
合作者
競爭者

STP
市場區隔
目標市場
市場定位

4Ps
產品
價格
通路
推廣

行銷管理目標：
☐ 市場區隔集群分析
☐ 市場定位知覺圖
☐ 概念測試焦點團體
☐ 產品特性聯合分析
☐ 價格、折扣與品牌轉換掃描資料
☐ 消費者滿意評估問卷調查

行銷管理架構

15-1 行銷研究的重要性

每一個行銷決策，都應該有事實根據。行銷工作就是蒐集、分析、提供這些事實。一個稱職的行銷人員無時無刻的觀察消費者、環境的背景因素、競爭者策略、合作夥伴關係、自我公司的優缺點，也就是本書所提到的 5Cs。另外，稱職的行銷人員也會利用行銷調查，制定產品、通路、推廣和價格市場策略決策。

圖 15-1 指出，行銷研究方法可以得到許多行銷與消費者重要的資訊觀點，行銷資訊應該持續蒐集，才能使公司具備因應市場改變的知識。消費者關係管理資料庫就是一個重要的蒐集管理系統工具。另外，針對不同的議題、不同的市場問題與不同的策略需求，也應著手不同的市場專案研究，不論是持續性或特定的行銷研究，行銷人員都需要行銷研究技巧知識。

圖 15-2 說明，典型的研究過程是從形成行銷和行銷研究問題、資料蒐集分析到研究報告與結論。資料蒐集方法有很多種，如圖 15-3 建議，本章將討論六種熱門的方法：

1. 市場區隔問題，使用集群分析。
2. 市場定位問題，使用知覺圖分析。
3. 產品觀念測試，使用焦點團體分析。

- STP：
  - 集群分析用於市場區隔
  - 多元尺度分析用於知覺圖鎖定、定位
- 4Ps：
  - 聯合分析用於新產品
  - 資料掃瞄用於定價
  - 問卷調查用於客戶滿意和通路意見分析
  - 實驗設計用於試銷
- 5Cs：
  - 次級資料去了解環境
  - 觀察資料去偵測競爭者
  - 網路資訊去掌握合作者
  - 訪談分析用於內部員工
  - 問卷調查用於客戶滿意

圖 15-1　相關行銷研究範例

- 定義行銷和行銷研究問題
- 透過次級資料回答上述問題
- 設計資料蒐集
  - 樣本（例如：隨機或分層抽樣）
  - 技術
    - 質化：訪談、焦點群體、觀察和人類學
    - 量化：問卷、實驗、掃描分析
  - 工具（例如：問卷、焦體）
  - 方式（例如：網路、條件人員訪談）
- 資料蒐集
- 資料分析
- 研究結果（例如：紙本報告／簡報、建議）

圖 15-2　行銷研究步驟

資料類型	定義	案例	優點
次級	已經存在	圖書館、線上	快速、廉價取得
初級（第一手）	設計、蒐集、分析	焦點群體、問卷調查	簡明

研究類型	用途	案例
探索性	制定行銷問題	焦點群體、訪談
描述性	取得大量統計資料	問卷、資料掃描
因果性	進行 4P 效果研究	實驗設計

圖 15-3　資料類別

4. 產品屬性問題，使用聯合分析。
5. 定價、折扣和品牌轉換問題，使用消費者掃描資料分析。
6. 消費者滿意度問題，使用問卷調查分析。

15-2 集群分析——市場區隔

　　集群分析（Cluster analysis）是將一群行為特性較相似的消費樣本，歸類成群，利用量化距離（屬性）為畫分依據，樣本距離越近，消費行為特性越相似，以此可以歸類成相似之消費族群區隔，以相同的行銷策略，進行市場滲透。例如對於價格之敏感程度、生活型態、接受創新程度等。

15-3　知覺圖分析──市場定位

定位研究通常是用來瞭解消費者對於品牌在市場的認知。行銷人員使用知覺圖分析產品屬性，藉此比較競爭優勢與劣勢。有兩種方法可以產生知覺圖：屬性基礎（an attribute-based approach）和多元尺度（multidimensional scaling, MDS）。

15-3a　屬性基礎

完成消費者問卷調查，就可建立屬性基礎知覺圖，如圖 15-4，針對 Ford 的 Fiesta 車款，行銷人員調查受測消費者兩個問題：(1) 我們的產品屬性表現如何？(2) 每一個屬性對您是否都重要？

定位圖分析結果如圖 15-5 所示，這是一個以產品特色基礎的知覺圖，結構簡單，但可找出重要的市場觀點。這部車有很多的優點，但也有些屬性表現較弱。

和其它品牌比較？	較差		較佳
優質	1 2 3 4 5 6 7		
舒適	1 2 3 4 5 6 7		
駕駛樂趣	1 2 3 4 5 6 7		
良好設計	1 2 3 4 5 6 7		
個人形象	1 2 3 4 5 6 7		

下列屬性對您的重要性？	極不重要		極重要
優質	1 2 3 4 5 6 7		
舒適	1 2 3 4 5 6 7		
駕駛樂趣	1 2 3 4 5 6 7		
良好設計	1 2 3 4 5 6 7		
個人形象	1 2 3 4 5 6 7		

圖 15-4　產品屬性分析認知表：Ford Fiesta

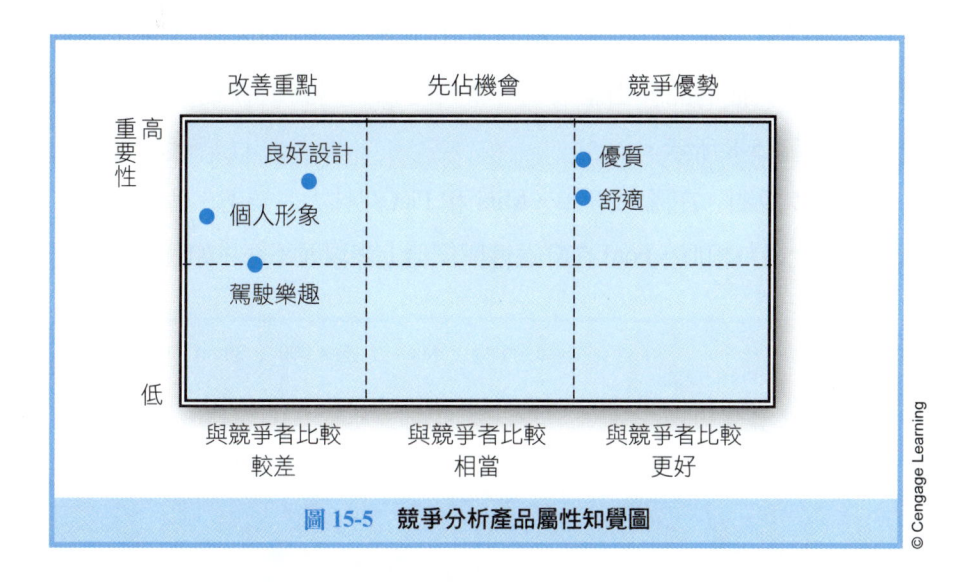

圖 15-5　競爭分析產品屬性知覺圖

15-3b　多元尺度

MDS 調查的問題，不只是問什麼比較重要？而是更深入地，成對比較兩個品牌之間的相似，在圖 15-6 中，第一個問題將四種車款成對相似比較；第二個問題再依序調查每一個品牌、每一個屬性的評價。

下列車款相似似程如何？

	極相似		極不同
Ford Fiesta & Mini	1 2 3 4 5 6 7		
Fiat 500 & Smart	1 2 3 4 5 6 7		
Smart & Ford Fiesta	1 2 3 4 5 6 7		
Mini & Car Fiot 500	1 2 3 4 5 6 7		
Ford Fiesta & Fiat 500	1 2 3 4 5 6 7		
Mini & Smart	1 2 3 4 5 6 7		

福特 Fiesta 在下列屬性的表現如何？

	不好		很好
優質	1 2 3 4 5 6 7		
舒適	1 2 3 4 5 6 7		
駕駛樂趣	1 2 3 4 5 6 7		
良好設計	1 2 3 4 5 6 7		
個人形象	1 2 3 4 5 6 7		
(其它品牌比照上述屬性評比)			

圖 15-6　多元尺度面認知分析表

調查結果如圖 15-7 所示。Mini 和 Fiat 最相似，Mini 和 Smart 最不同，Ford 與其他的品牌相差最遠，我們可以利用圖 15-7 的資料繪製知覺圖，如圖 15-8 所示。

進一步說明，在圖 15-8 中，Mini 和 Fiat 在魅力、樂趣、個性化這些產品屬性上最為相似，Ford 在舒適性與價值上表現並不好，如圖 15-9。

	Ford Fiesta	Mini	Fiat 500	Smart
Ford Fiesta	—			
Mini	5.0	—		
Fiat 500	4.7	1.8	—	
Smart	5.1	6.2	5.5	—

1 ="極相似" to 7 ="極不同"

圖 15-7　相似性分析結果

圖 15-8　多元尺度屬性知覺圖

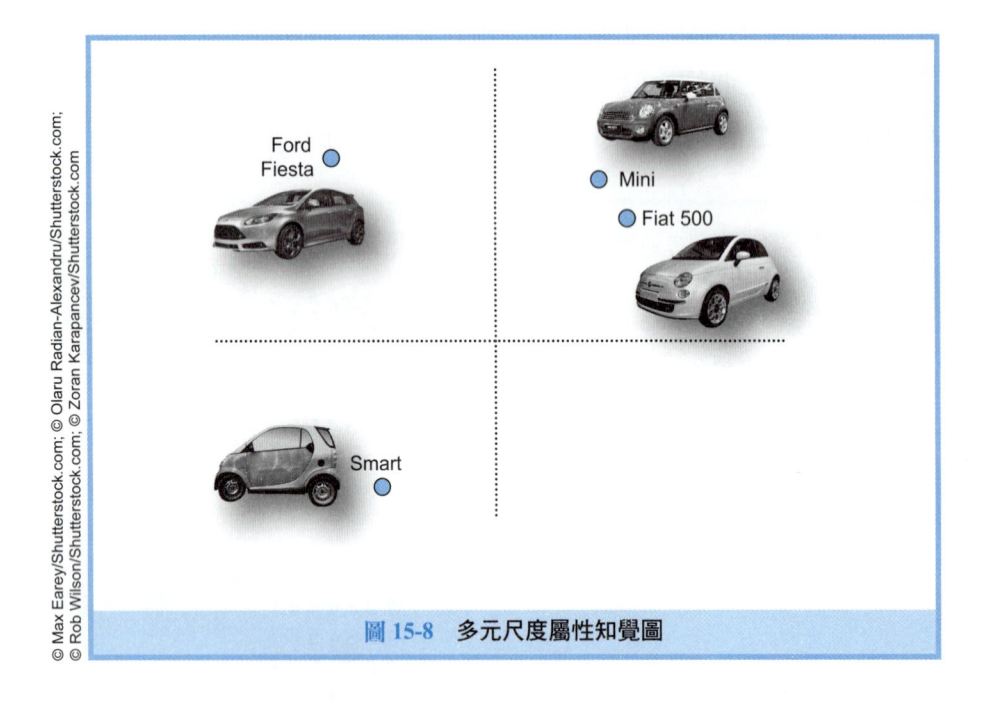

第 15 章　行銷研究工具　173

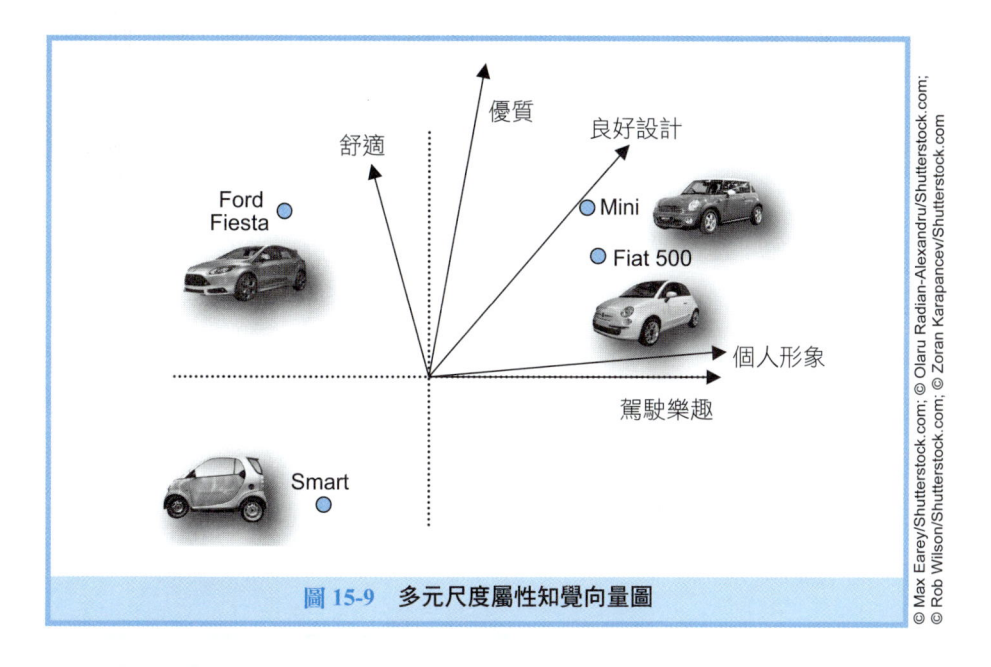

圖 15-9　多元尺度屬性知覺向量圖

15-4 焦點團體——產品概念測試

　　焦點團體通常用來作為探索性研究工具；也就是說尚未釐清問卷問題時。焦點團體的操作，通常大約是 3 至 4 個團體，每個團體約 8 至 10 位焦點消費者，焦點團體主持人應保持討論通暢，嘗試發掘所有消費者的想法，深度瞭解行為背後的原因，除了控制焦點團體成員討論內容寬度以外，更重要的是內容的深度。因此可依照焦點團體研究結果，發展如圖 15-10，符合特定消費族群之個性化汽車。

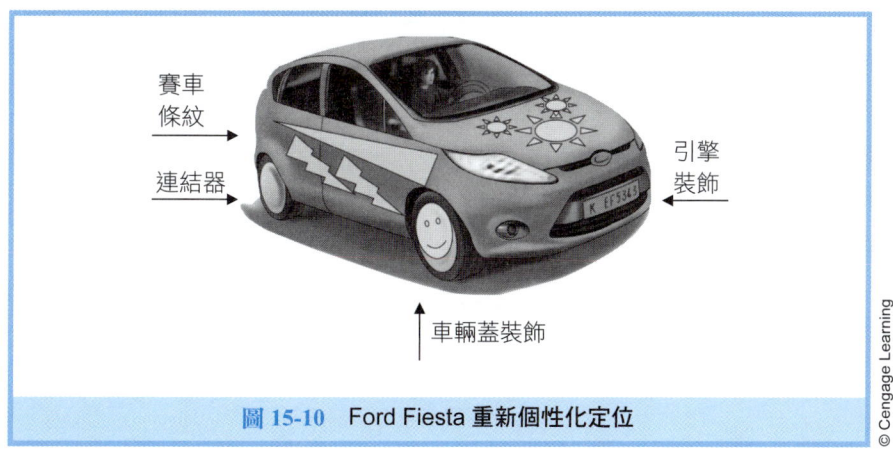

圖 15-10　Ford Fiesta 重新個性化定位

15-5 聯合分析——產品屬性測試

聯合分析適合於價格、新產品和品牌相關研究。此研究方法可以瞭解消費者如何評估交易。聯合分析常問的問題是：什麼是消費者最在意的（產品特色、產品品質或價格便宜）？聯合分析可以協助發現消費者最重要的屬性價值，提供發展新產品價值屬性參考資料。

圖 15-11 顯示線上購物、宅配到府服務的所有可能組合。服務品質與服務成本息息相關。最重要的問題是，消費者到底要什麼？受測消費者評估或排序，如圖 15-11 所示的八種組合，從最喜歡到最不喜歡。圖 15-12 顯示受測者問卷結果，這個受測消費者願意支付三十美元，偏好方便的宅配服務。

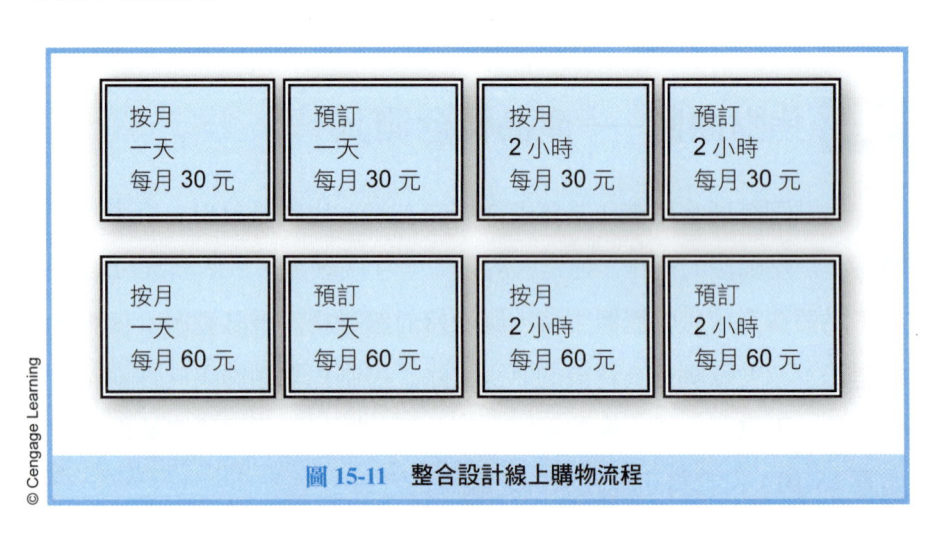

按月 一天 每月 30 元	預訂 一天 每月 30 元	按月 2 小時 每月 30 元	預訂 2 小時 每月 30 元
按月 一天 每月 60 元	預訂 一天 每月 60 元	按月 2 小時 每月 60 元	預訂 2 小時 每月 60 元

圖 15-11　整合設計線上購物流程

列	欄	排程	視窗	費用	評比
1	1	0	0	0	5
1	2	1	0	0	6
1	3	0	1	0	7
1	4	1	1	0	8
2	1	0	0	1	1
2	2	1	0	1	2
2	3	0	1	1	3
2	4	1	1	1	4

極不喜歡 1 2 3 4 5 6 7 8 極喜歡
預測強度代碼：0 = 無；1 = 有

圖 15-12　消費者整合資料分析

解構焦點團體

透過焦點團體可以獲得重要質性回饋資訊，包括對於品牌的認知，測試對於新產品的概念，藉由故事板勾勒可能的廣告訴求

焦點團體為何受到歡迎：
- 可以了解消費者如何看待公司品牌
- 可以蒐集到更深入、豐富和有趣的資訊，藉此了解消費者行為及讓許多行銷概念和策略更加清晰。
- 從公司的角度，這項策略的花費不高。

焦點團體的房間可以有不同的設計方式，包括產品展示，例如洗髮精

技術上可以透過高清屏幕投射網路或是展示新的設計，包括用於餐廳、零售商或是飯店

透過焦點團體也能獲得更多質性評比，後續仍需藉由更廣泛及代表性的樣本深入調查。

焦點團體不只限於本地或特定房間內，人們在其他地方也可以透過視訊方式同步參與。

常見問題：
- 應該少人參與？大約8-10人。
- 團體數量是否有所限制？建議每一區隔市場至多 3 個。
- 主持人是否也應參照參與者，例如，在討論個人問題如健康時。
- 如果自行辦理可能產生偏誤，可以委由其他外部組織給予協助。
- 要求焦點團體提供公司討論的影音與相關檔案。

15-6 消費者掃描資料分析

消費者掃描資料可以提高行銷和商業經營效率。掃描資料可以有助於存貨管理，但是它的價值不僅於此，這些資料可以用來預測需求，或觀察消費者對於所有行銷組合活動的反應情況包括定價、折扣和品牌轉換等問題。舉例來說，我們欲瞭解如果提高價格 X，會造成什麼樣的銷售結果 Y？這個問題可以經由利用因果分析或實驗方法，利用消費者掃描資料加以驗證。

15-7 問卷調查分析

許多公司很有興趣去瞭解消費者的滿意回應，但是提供消費者滿意評估服務仍然不多，問卷調查工作涉及不只是技術，而且是藝術。研究者需要經驗、專業與創新的想法。針對消費者滿意問題，可以直截了當地問：「你對我們服務的評分是？0＝非常不滿意，100＝非常滿意。」最常使用的量表，就是李克特量表。問卷內容設計越短越好、越直接越好，一個問項只問一個問題，而且應重視受測者個人資料保密問題。

行銷管理實務個案討論

超乎想像的旅展

本個案主要探討旅行社參加旅展之預期效益及相關決策，透過旅展籌備過程之情境描述，以各相關部門之合作過程，呈現出各部門因目標不同所導致之衝突，進而思考如何整合各部門功能，研擬績效衡量指標及設定目標，以達成舉辦旅展之各項效益。藉此訓練中階管理人員績效衡量指標設定，以及跨部門溝通協調之能力，並研擬後續旅展籌辦之改善對策。

（資料來源：財團法人商業發展研究院。）

問題討論

1. 當你看到一位高階級經理人（包括你的老闆），面對焦點團體中令人振奮的客戶感言，於是準備了一套可能行之過早的行銷計劃？你如何處理上述可能誤導你老闆的行銷問題？
2. 想像一下，你正為學校餐廳進行一項聯合分析，特別是當你負責每天的披薩訂單。儘管比薩只是一項簡單食物，但卻可以創造出許多不同菜單組合。你會如何測試哪些不同因素可以讓同學更喜歡？包括不同的小麥色澤、餅皮厚薄、奶酪香腸或是香腸青椒。你可以設計一個針對二到三份菜單的聯合分析，試著提高用餐同學的喜好程度。

PART 5

行銷目標

CHAPTER 16

行銷策略

本章大綱

I 企業與行銷目標類型
II 行銷策略
   a. Ansoff 產品市場成長矩陣
   b. BCG 矩陣
   c. GE 模型
   d. 波特策略
III 行銷策略執行
   a. SWOT：優勢與劣勢
   b. SWOT：機會與威脅
IV 行銷策略監控

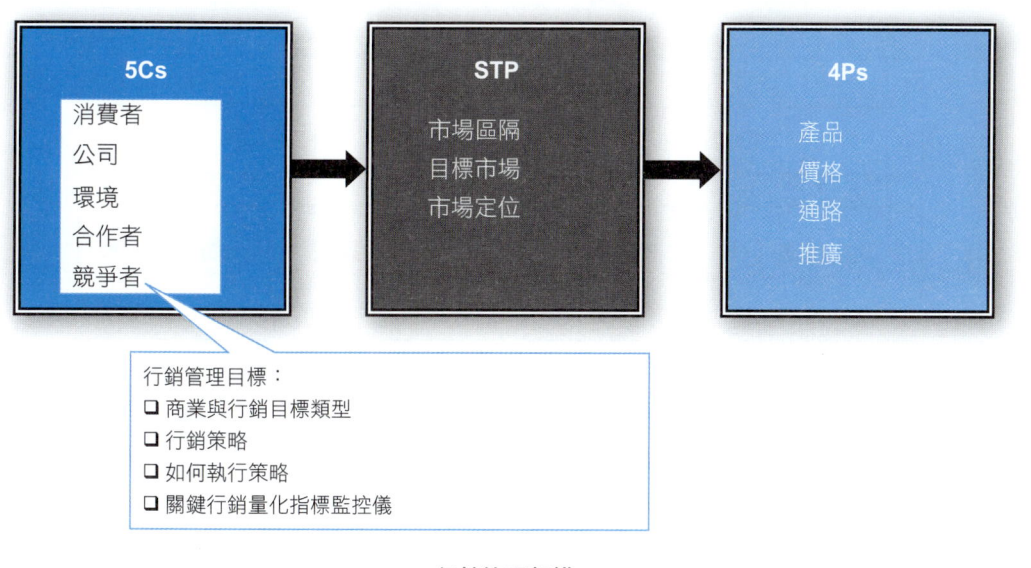

```
┌─────────────┐      ┌─────────────┐      ┌─────────────┐
│    5Cs      │      │    STP      │      │    4Ps      │
│  消費者      │ ───▶ │  市場區隔    │ ───▶ │  產品        │
│  公司        │      │  目標市場    │      │  價格        │
│  環境        │      │  市場定位    │      │  通路        │
│  合作者      │      │             │      │  推廣        │
│  競爭者      │      │             │      │             │
└─────────────┘      └─────────────┘      └─────────────┘
```

行銷管理目標：
❏ 商業與行銷目標類型
❏ 行銷策略
❏ 如何執行策略
❏ 關鍵行銷量化指標監控儀

行銷管理架構

  本章先討論商業與行銷目標，繼而利用幾個方法思考行銷策略，我們先評估公司目前欲達成的市場目標的位置，再考慮用什麼方法可以成功。

181

16-1 企業與行銷目標類型

沒有任何公司經營事業,每年只求損益平衡,即使非營利機構,也需要更多預算支持它們的社會公益工作,因此企業獲利成長是組織最終目標:

(1) 獲利 = 銷售收入 − 營業成本
(2) 銷售收入 = 銷售量 × 價格
(3) 營業成本 = 變動成本 + 固定成本
(4) 利潤 =(銷售量 × 價格)−(變動成本 + 固定成本)
(5) 變動成本 = 變動單位成本 × 銷售量
(6) 利潤 =(銷售量 × 價格)−〔(變動單位成本 × 銷售量)+ 固定成本〕

圖 16-1 指出,如果要增加獲利,我們需要增加銷售量改變價格,或是減少變動或固定成本。

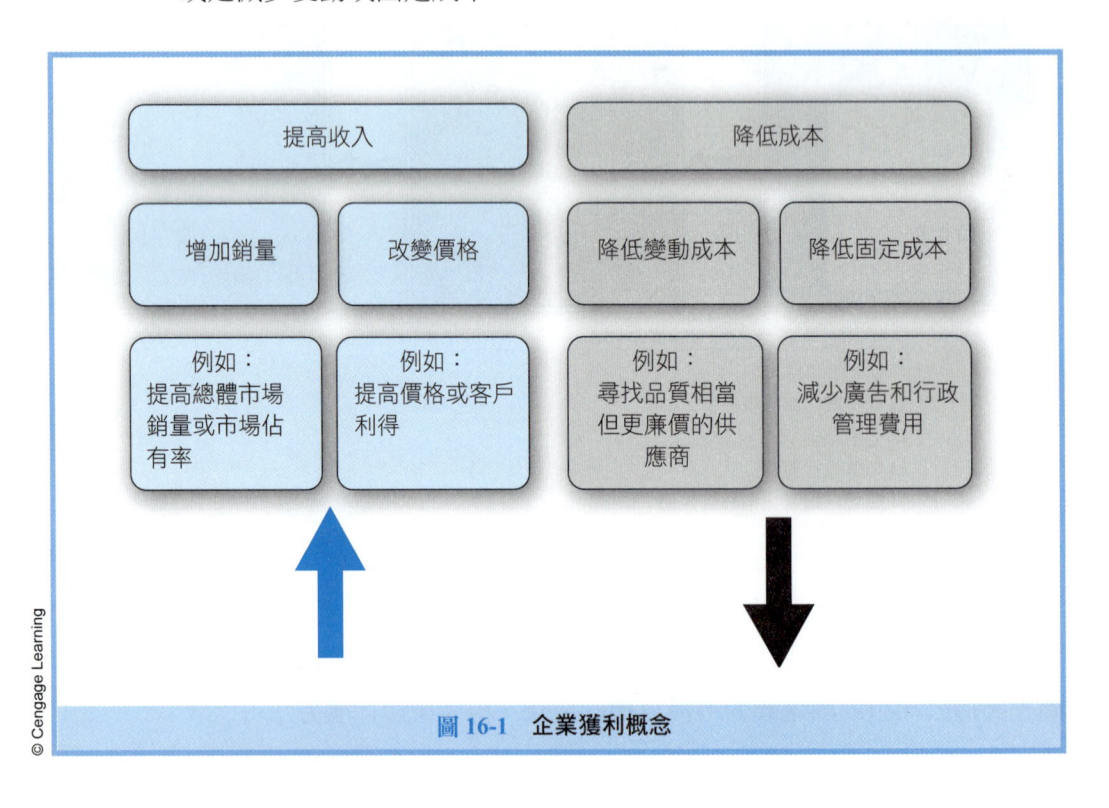

圖 16-1　企業獲利概念

增加銷售量成長（grow sales volume）的方法：

1. 整體市場成長。
2. 增加市場佔有。
3. 對消費者進行向上銷售。
4. 增加現有消費者購買頻率。
5. 取得競爭者市場佔有。
6. 尋找另外的市場區隔。
7. 創造新產品滿足現有消費者或吸引新消費者。
8. 減少消費者品牌轉換。
9. 提升消費者滿意。
10. 經由消費者忠誠制度加值化服務。
11. 提高品牌轉換成本。

價格改變（change prices）亦可增加獲利，大部分的公司都會考慮降價，這可以帶來短時間額外的銷售量，卻可能影響長期品牌印象與品牌資產。降價策略常常引發市場價格戰爭，損害未來產品邊際效應；甚至消費者通常相信高品質，高價格，減少價格敏感度或轉移目標市場區隔至高收入消費者。

減少變動成本（decrease variable costs）亦可增加利潤，嘗試尋找較便宜但品質符合的供應商。尋求代工也可降低成本，提升競爭力，篩選有吸引力的利基市場，以便提升價格，出售給利基消費者。一般而言，企業應專注深耕幾個特定市場。

企業也可以降低固定成本（decrease fixed costs），以便增加利潤，若公司不是以創新為主，可以減少研發的費用，也可以減少廣告費用，但卻有可能傷害品牌聯想，甚至可以使用榨取品牌方法，不再持續發展或回顧品牌資金投注。

16-2 行銷策略

接下來，我們將討論幾個熱門的策略方法，可增加銷售收入，降低營運成本。

16-2a　Ansoff 產品市場成長矩陣

關於銷售成長，有幾個問題常常被提出：成長來源在哪裡？我們應該貼近目前產品組合，簡單的嘗試從目前的消費者或吸引新消費者獲得更多的銷售？我們應該創造新產品吸引目前的消費者或開發新消費者市場？因此，新產品或新消費者（新市場）經常是行銷發展策略面臨的決策難題。

圖 16-2 說明四個可能產品和市場組合。在矩陣左上方，指出**市場滲透**（market penetration）策略。在這個策略裡，沒有新產品計劃，不尋求新消費者，企業鼓勵目前的消費者增加購買，此策略低風險，但不易持久。

在矩陣的左下方，稱為**市場發展**（market development）策略。企業仍然不提供新產品，但尋求新的消費者。或許企業可以發現產品新的使用方法，針對新的消費者區隔或廣告推廣新的通路至不同的人口區隔。

矩陣右上方，稱為**產品發展**（product development）策略。企業針對目前的消費者引介新的產品，這對於擁有創新優勢公司是一個適合的策略，但是對於保守的公司就比較辛苦了。娛樂與科技產業專長於創新產品，適合不斷地使用此策略，這個方法可以取悅消費者，並且強化消費者忠誠。

矩陣的右下方，稱為**多角化**（diversification）策略。此方法最困難，

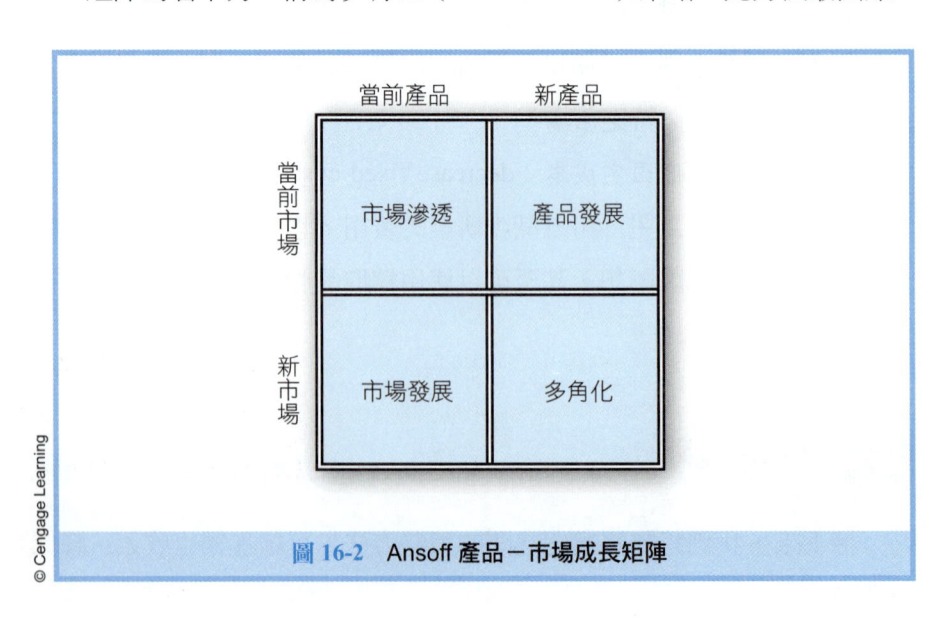

	當前產品	新產品
當前市場	市場滲透	產品發展
新市場	市場發展	多角化

圖 16-2　Ansoff 產品－市場成長矩陣

而且風險最大，企業嘗試引介新產品和開發新市場，兩者同時進行。欲採取此策略的企業，可以先執行產品發展或市場發展策略後，再尋求此策略。因此，想要成長獲利，企業需要創造新的產品、吸引新的消費族群或同時進行。

16-2b　BCG 矩陣

圖 16-3 說明，另一種策略架構稱為 BCG 矩陣。此策略思考行銷管理產品組合分析，以成長觀點討論，在產業中企業成長，相對於競爭者的成長情況，企業自我評估所有事業競爭狀態，將企業的所有產品（品牌）依個別存在市場佔有率強弱與未來市場成長預測，進行分類。

如果一個產品（品牌），相對在一個有成長潛力市場，又擁有可觀市場佔有率，稱為明星（star）產品（品牌）；相反地，一個產品佔有率小，未來成長不佳，稱為狗（dog）產品；另外產品分類，稱為金牛（cash cow）產品，亦即產品有很強的市佔率；最後一種，未來沒有成長稱為問題（question mark）產品。

企業應該擁有適當數量的明星產品，且保護此產品市場發展。現金牛產品對於企業產品組合是必要的，企業盡可能榨取此類產品的利益，但通常不會再投入過多預算。產品的生命週期發展亦會影響公司態度，停止行銷支持加速產品衰退，但整體而言，產品仍然有很強的知名度。

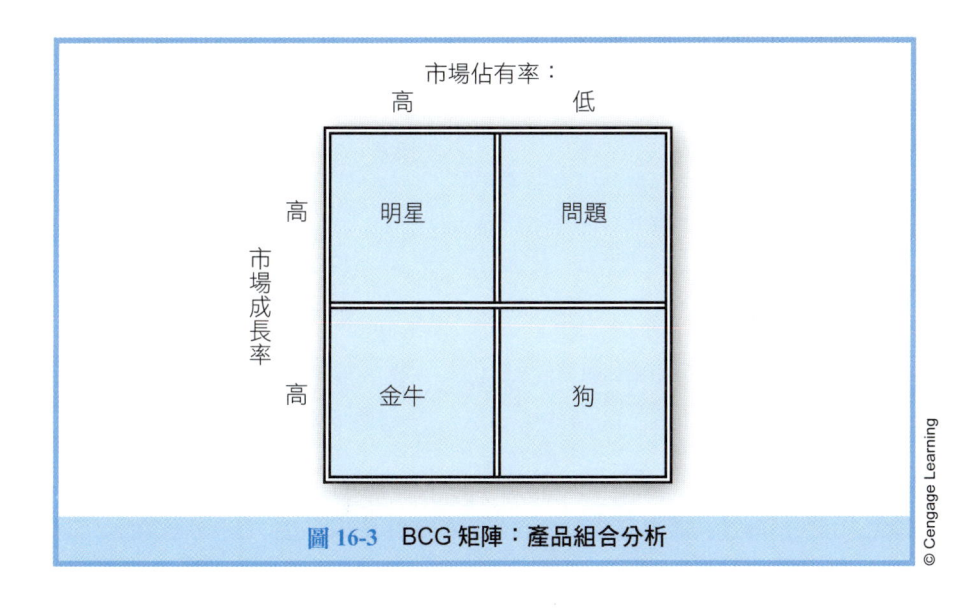

	市場佔有率：高	市場佔有率：低
市場成長率 高	明星	問題
市場成長率 高	金牛	狗

圖 16-3　BCG 矩陣：產品組合分析

問題產品所處的產業具有成長潛力，因此公司希望支持產品後續發展，包括品質改良、推廣活動、折扣，吸引適用，期待轉型問題產品變成明星產品。問題產品的發展，可經由新技術進入不同市場等，關鍵在於需要企業更多時間與額外的資源。

最後，狗產品越少越好，狗產品不易變成現金牛與問題產品，因此產品經理人應考慮是否退出此產品。

16-2c　GE 模型

GE 模型，是行銷經理人判斷產品表現的一種策略，如圖 16-4 所示它有兩評估構面：市場吸引力和事業優勢。這兩個構面類似 SWOT 內部、外部分析。外部因素（市場吸引力）策略思考兩個問題：

1. 釐清銷售量、市場成長率、競爭激烈度重要比重。
2. 不同區域的品牌表現認知。

關於內部因素（事業優勢），評估產品重要性與表現程度，接下來將表現與評估相乘，計算結果如圖 16-5 所示。理想上，產品發展盡可能在淺灰色方格，避免產品出現在深灰色方格。

16-2d　波特策略

波特指出三種市場策略：

		比重	評估 (1–5)	價值
市場吸引力	銷售量	0.2	4	0.8
	市場成長率		3	1.2
	市場競爭度	0.3	4	1.2
				3.2

		比重	評估 (1–5)	價值
公司優勢	市場佔有率	0.2	3	0.6
	品牌優勢	0.2	3	0.6
	單位成本	0.6	2	1.2
				2.4

圖 16-4　GE 模型策略分析表

圖 16-5　GE 模型：策略分析圖

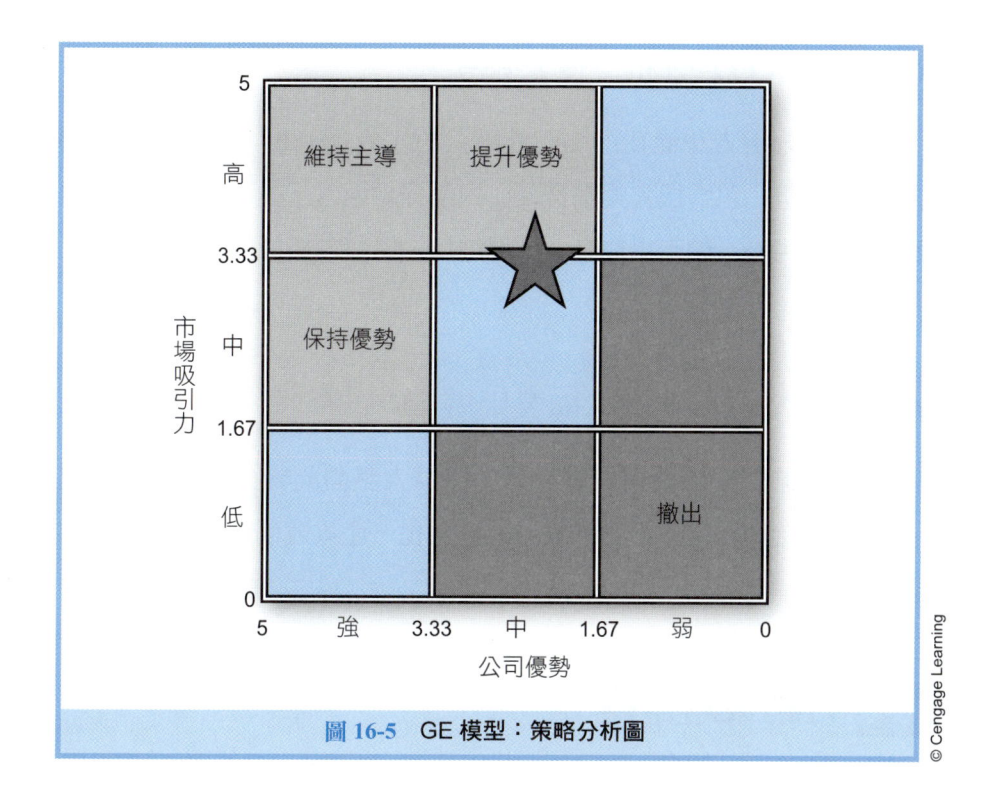

- 成本領先（cost leadership），盡可能提升生產效率，降低生產成本，將成本降低轉換成低價給消費者，亦可將節省成本，投入研發或廣告等。
- 企業可以採取差異化（differentiation）方法，此策略企圖區別與競爭者產品差異，差異化策略，可以從產品品質、消費者服務、獨特的設計、獨家的或任何核心產品的加值。
- 最後一種方法稱為集中化（focused）。企業利用公司獨特的優勢，並強化此優勢，與市場競爭者產生差異，有些企業常常使用集中化策略，服務利基市場，達到消費者滿意和消費者忠誠。

16-3 行銷策略執行

企業必須先瞭解自己，所處環境、競爭者、合作夥伴和消費者，才能清楚決定採取何種策略因應。要辨識企業自我，可回答兩個問題："Who are we?" 和 "Who do we want to become?" SWOT 分析即簡單清楚地回應上述問題。

16-3a　SWOT 分析：優勢與劣勢

SWOT 分析方法涵蓋內部與外部分析。內部分析，包含優勢與弱勢；外部分析，包含機會與威脅。從內部分析而言，盡可能思考公司與競爭者的優劣勢，如市場佔有、市場地位、研發創新能力、財務狀況、消費者認知、人力資源等。

16-3b　SWOT 分析：機會與威脅

SWOT 的外部機會與威脅分析，需擴大整體經營分析，分析的重點，包括政治和法律、經濟景氣、社會文化、產業競爭、科技發展等方面。

16-4　行銷策略監控

企業必須監控各種行銷測量的結果，以便瞭解消費者對於企業的優缺點認知與競爭者現況。圖 16-6 說明一個簡單的監控看板，包含銷售狀況、市場佔有率現況、獲利狀況、員工與消費者滿意，不同的圖形，透露不同的經營現況，公司亦可針對不同的管控目標，增加不同的看板圖表，看板可以利用各種不同圖表顯示，如圖 16-7 所示。

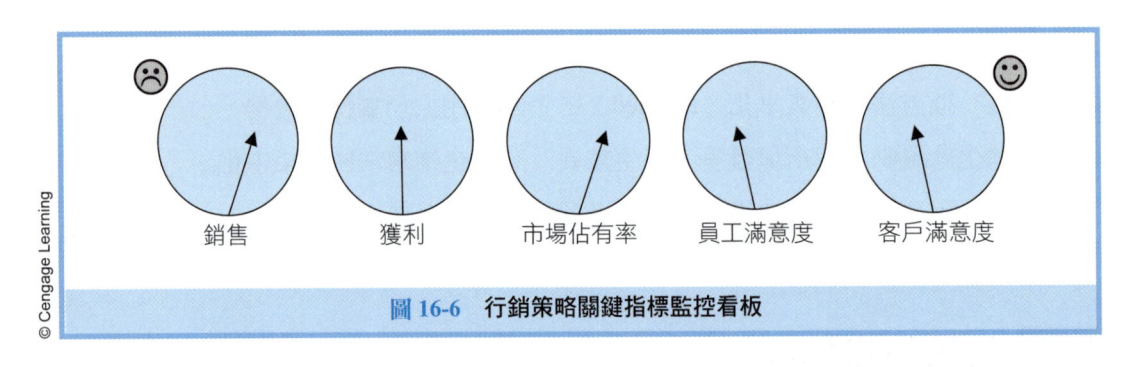

圖 16-6　行銷策略關鍵指標監控看板

圖 16-7　行銷資料圖像化

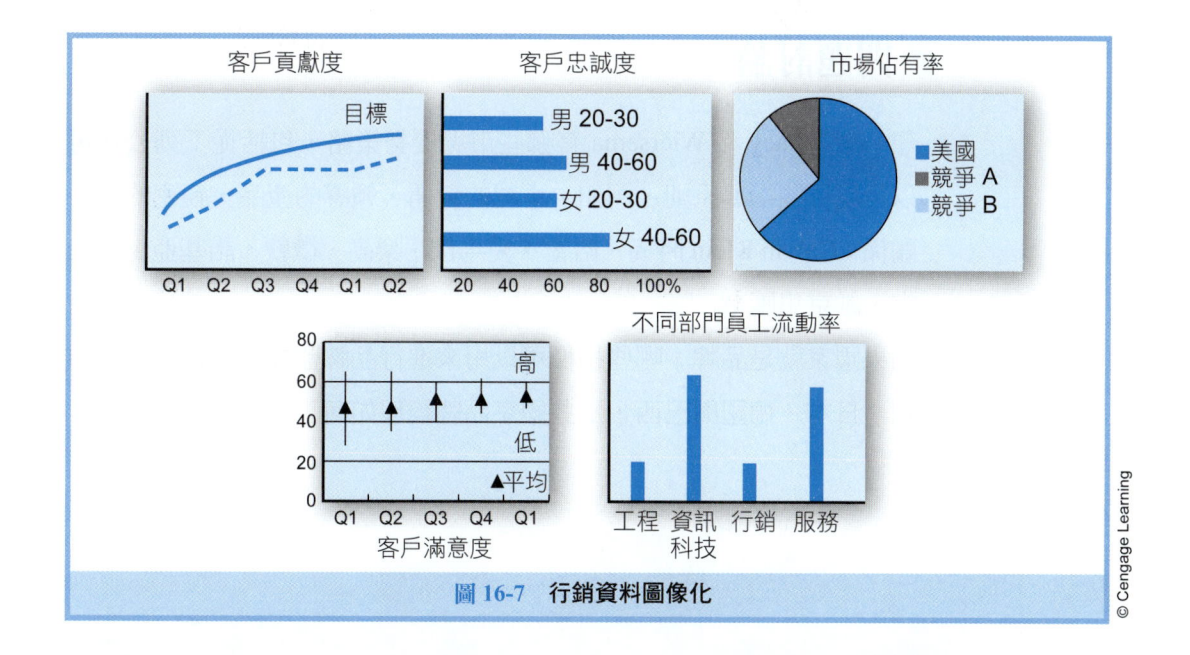

行銷管理實務個案討論

都是代工廠的錯？

　　DT 公司在主要的業務是金屬製品的加工生產。近年來由於成本考量，部分產業鏈移至中國大陸，但依照產品加工的精密程度不同，部分高精密度產品的加工仍在台灣進行，而部分加工流程則委外由台灣及中國大陸的合作廠商負責。最近因為代工廠 B 公司供貨品質不穩定，經常延遲交貨，造成 DT 公司在交貨時經常因良率不足導致出貨不穩，原本可以船運的產品必須改用空運，導致運送成本暴增。產品在中國大陸加工的良率有時低到只有 50%，品質不合格的產品幾乎只能當廢品處理。身為供應鏈管理部經理的 Jack 必須提出可能的解決方案，以供總經理參考。面對消費者的壓力及工程部門的強烈要求，他能提出其他的方案嗎？生產的連續性如何維持？怎麼做才能以最低的成本及風險來解決這個問題呢？

（資料來源：財團法人商業發展研究院。）

問題討論

1. 想一想 Treacy 和 Wiersema 有哪些市場優勢策略，包括從下列公司可以發現哪些指導原則，例如，卓越的營運、領導的產品，親密的客戶關係：Calvin Klein 時尚、哈雷、愛馬仕、樂高、微軟、諾基亞、星巴克、維京集團？
2. 如果國家就是品牌，哪些指標可以用來進行品牌監控？包括美國、中國、日本、德國與巴西，這些國家品牌經理如何正確認識這些指標？

CHAPTER 17

行銷規劃

本章大綱

I　行銷計劃整合
II　情境分析
　　a. 行銷架構（5Cs）
b. 行銷策略（STP）
c. 行銷組合（4Ps）
III　時間與預算配置

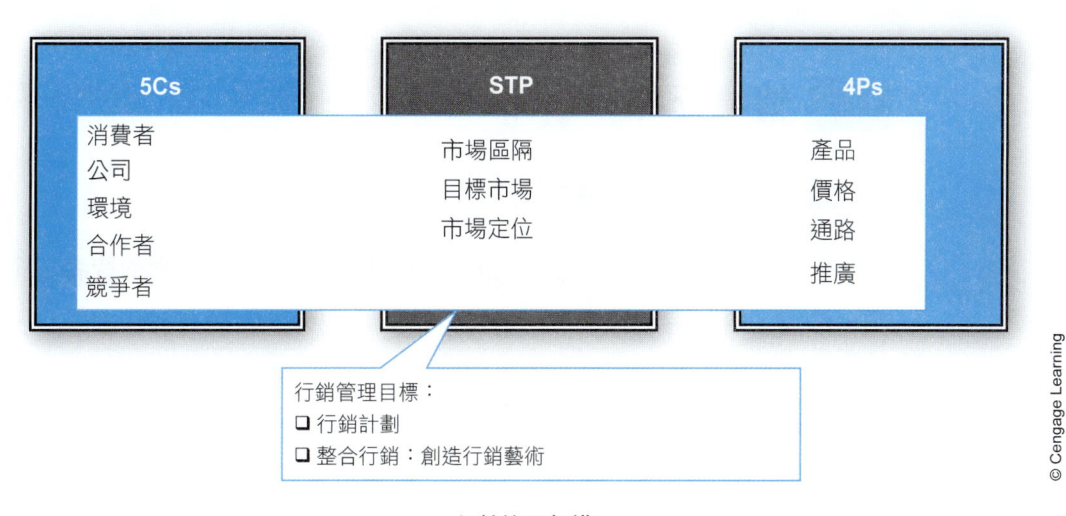

5Cs	STP	4Ps
消費者 公司 環境 合作者 競爭者	市場區隔 目標市場 市場定位	產品 價格 通路 推廣

行銷管理目標：
☐ 行銷計劃
☐ 整合行銷：創造行銷藝術

© Cengage Learning

行銷管理架構

17-1　行銷計劃整合

　　圖 17-1 指出，行銷計劃源自於行銷執行摘要；執行摘要提供扼要的計劃內容架構。圖 17-2 至圖 17-5 整理主要行銷問題，從前面章節將行銷架構完整呈現。

圖 17-1　行銷計劃追隨行銷架構

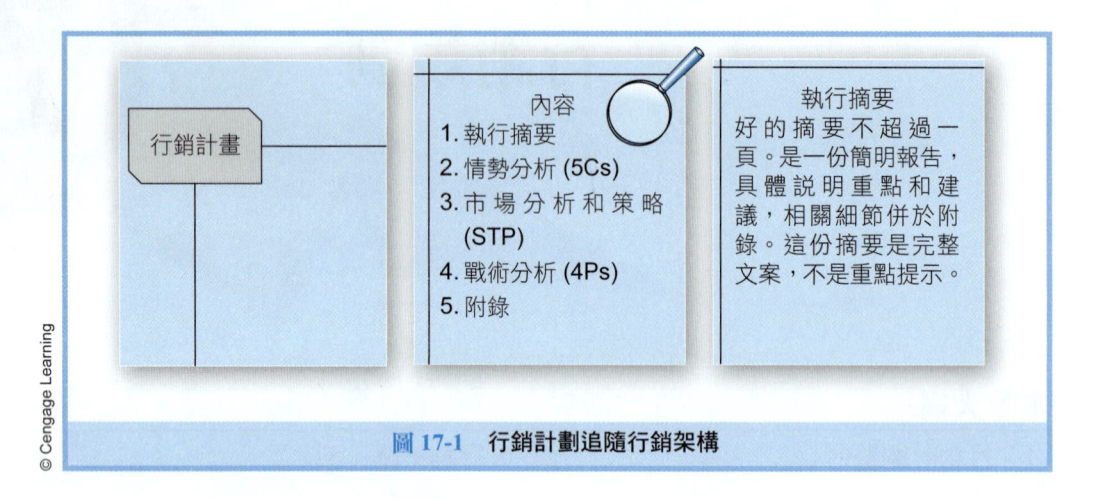

規劃行銷計劃，開始於目前行銷情境評估，情境分析以 5Cs 架構，建立並發展市場區隔和目標市場區隔，與進行 STP 市場策略。STP 市場策略源於市場研究，如區隔市場研究，接著討論市場定位與運用行銷組合行動計劃。

17-2 情境分析

17-2a　行銷架構（5Cs）

5Cs 提供情境分析核心價值，情境分析內容，分別包含消費者、企業、環境、合作者和競爭者。情境分析的重要性，在於若無仔細研究，後續的企劃與策略方法將會產生問題。

行銷架構的 5Cs 圖表，提供互動行銷計劃的行銷問題（圖 17-2）。企業自我評估是情境分析的一部分，我們可以利用 SWOT 分析協助瞭解企業，在市場的情境，針對自我評估，兩個主要問題如下：

- 我們以什麼聞名？（What are we known for?）
- 我們想成為什麼樣的企業？（What do we want to become?）

我們也必須充分瞭解消費者，一開始時二手資料可以提供相關背景資料，再蒐集消費者的初級資料，我們可以利用下列方法描述消費者：人口統計變數、心理描繪變數、購買行為、消費者滿意和忠誠、偏好通路、價格敏感程度等。

對於環境分析，整體的環境分析，可利用 PEST 分析，包含政治法律（Politics/legal）、經濟（Economy）、社會（Societal）和科技（Technology）。

產業網絡可能很複雜，我們可以蒐集產業上下游網絡資料進行分析，嘗試維持和諧關係，兩個主要調查問題，如我們與供應鏈關係好嗎？我們與通路配銷關係好嗎？

對於競爭者分析，我們也可以使用 SWOT 分析，但是盡可能廣泛定義競爭，以清楚辨識威脅與機會，有兩個調查問題可供參考：誰是我們的競爭者？競爭者的競爭優勢是什麼？

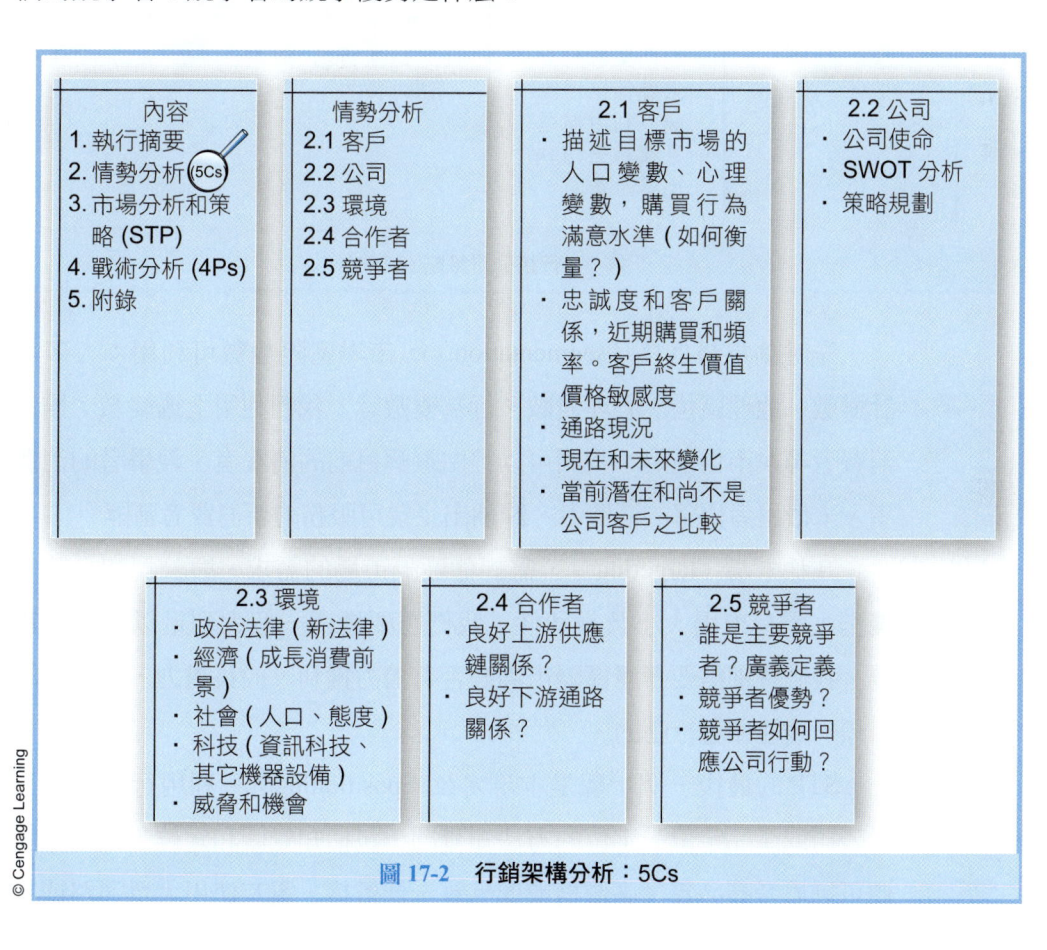

內容	情勢分析	2.1 客戶	2.2 公司
1. 執行摘要 2. 情勢分析 (5Cs) 3. 市場分析和策略 (STP) 4. 戰術分析 (4Ps) 5. 附錄	2.1 客戶 2.2 公司 2.3 環境 2.4 合作者 2.5 競爭者	・描述目標市場的人口變數、心理變數，購買行為滿意水準（如何衡量？） ・忠誠度和客戶關係，近期購買和頻率。客戶終生價值 ・價格敏感度 ・通路現況 ・現在和未來變化 ・當前潛在和尚不是公司客戶之比較	・公司使命 ・SWOT 分析 ・策略規劃

2.3 環境	2.4 合作者	2.5 競爭者
・政治法律（新法律） ・經濟（成長消費前景） ・社會（人口、態度） ・科技（資訊科技、其它機器設備） ・威脅和機會	・良好上游供應鏈關係？ ・良好下游通路關係？	・誰是主要競爭者？廣義定義 ・競爭者優勢？ ・競爭者如何回應公司行動？

圖 17-2　行銷架構分析：5Cs

17-2b　行銷策略（STP）

STP 是行銷策略的根本：消費者特性是什麼？產品目標是什麼？市場定位是什麼？圖 17-3，展開說明 STP 的行銷管理架構。

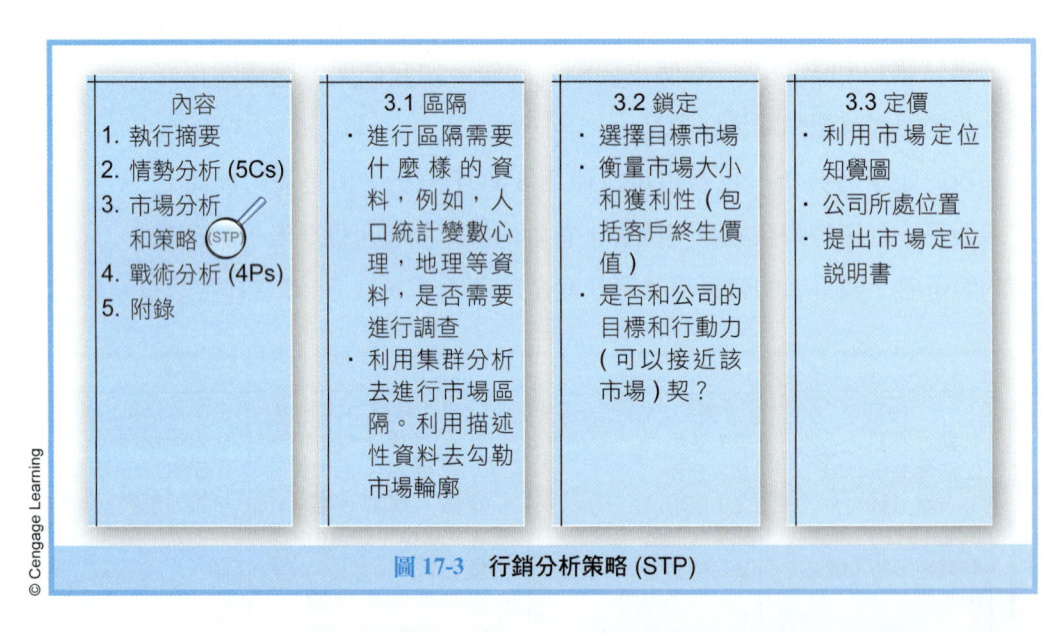

內容	3.1 區隔	3.2 鎖定	3.3 定價
1. 執行摘要 2. 情勢分析 (5Cs) 3. 市場分析和策略 (STP) 4. 戰術分析 (4Ps) 5. 附錄	・進行區隔需要什麼樣的資料，例如，人口統計變數心理，地理等資料，是否需要進行調查 ・利用集群分析去進行市場區隔。利用描述性資料去勾勒市場輪廓	・選擇目標市場 ・衡量市場大小和獲利性（包括客戶終生價值） ・是否和公司的目標和行動力（可以接近該市場）契？	・利用市場定位知覺圖 ・公司所處位置 ・提出市場定位說明書

圖 17-3　行銷分析策略 (STP)

先討論市場區隔（segmentation），市場區隔變數可利用：人口統計變數、地理區位、心理變數、行為變數等，我們利用上述變數，描述消費者尋找市場區隔，我們可以經由瞭解目前的消費者、競爭者的消費者、未使用者期望的消費者、歸納出企業可服務的新消費者區隔。

目標市場（targeting），需評估區隔市場的需求，與公司和品牌的優勢，還有市場大小及獲利性，我們需要選擇一個大到足以獲利的市場，我們特別需要考慮區隔市場是否有潛力獲利、成長潛力，與公司的目標一致性和可行動的。

STP 的最後一個步驟是市場定位（positioning）。利用行銷組合思考公司或產品定位。定位的方法知覺圖，包括知覺圖和定位說明書。我們可以思考高品質、高價格或低品質、低價格，還有使用大眾通路或獨家通路。

17-2c　行銷組合（4Ps）

5Cs 讓我們瞭解企業所處的環境；STP 策略讓我們知道行銷的目標；而 4Ps 告訴我們如何達成這個目標，在圖 17-4 中，我們可以瞭解每一個 P 的關鍵問題。

關於產品，我們須思考產品設計，屬於高品質或標準品質，並決定主要產品特色。因此有幾個問題可以在行銷計劃中描述清楚：(1) 我們提供什麼樣的產品品質給我們的消費者？(2) 什麼產品特色種類可以滿足我們的消費者，並吸引新消費者？(3) 這是新產品嗎？

價格問題與產品品質息息相關，因此價格須與產品品質定位相符，並且思考產品生命週期、定價差異與定價策略，也應瞭解我們的消費者是否對價格敏感，什麼樣的價格補償方法可以吸引消費者，也應在價格策略中討論。

推廣活動，需考慮幾個問題：(1) 我們要大量曝光產品，還是選擇特定方法？(2) 什麼是整合行銷的目標？(3) 廣告溝通的訊息是什麼？(4)

內容	4.1 產品	4.2 價格	4.3 通路	4.4 推廣
1. 執行摘要 2. 情勢分析 (5Cs) 3. 市場分析和策略 (4Ps) 4. 戰術分析 (4Ps) 5. 附錄	・公司產品和服務相對於競爭者之獨特性 ・品牌策略，品牌聯想和品牌價值？ ・品牌處於什麼產品生命週期階段 ・掌握趨勢 ・如何形成口碑傳播 ・物超所值或名實相符？ ・尋求新產品或新市場？	・需求彈性是否納入價格策略 ・價格過低？損益平衡？ ・提高價格評估價格敏感度 ・雖然原價或改變訂價？折價券、折扣和忠誠度？ ・利用價格吸引其它市場客戶 ・是否是高品質低價格的滲透策略？	・實體零售、網路和人員銷售之策略角色？ ・客戶很容易接近？ ・通路配置是否和市場定位策略一致 ・配銷網路是密集或獨家？ ・通路夥伴良好？是否存在衝突需要解決？(何種方式？)	・廣告活動的行銷目標 ・訊息類型如何衡量有效性 ・概念和文案測試 ・廣告後記憶偏好和傾向 ・選擇媒體露出比重和整合行銷溝通 ・監控廣告媒體效益 ・重新：修正最初定位和推廣策略

圖 17-4　行銷組合分析：4Ps

Marketing Management

行銷管理

選擇什麼樣的媒體？行銷目標就是企業的品牌目標，當然也是行銷溝通或廣告的目標。

關於通路最重要的問題，就是選擇獨家或廣泛通路。我們須思考目標市場消費者是否有足夠的購買通路，或如何設計實體與虛擬通路。通路設計，亦可考慮因產品不同生命階段而有所調整。

17-3 時間與預算配置

最後，確定行銷計劃，包含評估行銷執行時間與預算（如圖 17-5）。越好的行銷計劃，行銷計劃就越可行；行銷計劃越精準，行銷時間表與預算就越仔細，也越能精準掌握執行步驟與執行成效。

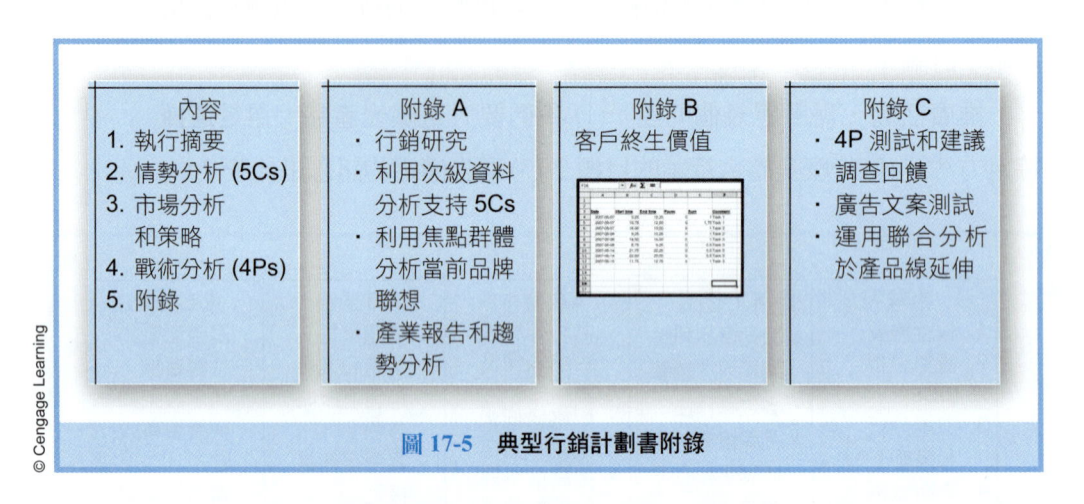

內容	附錄 A	附錄 B	附錄 C
1. 執行摘要 2. 情勢分析 (5Cs) 3. 市場分析和策略 4. 戰術分析 (4Ps) 5. 附錄	・行銷研究 ・利用次級資料分析支持 5Cs ・利用焦點群體分析當前品牌聯想 ・產業報告和趨勢分析	客戶終生價值	・4P 測試和建議 ・調查回饋 ・廣告文案測試 ・運用聯合分析於產品線延伸

圖 17-5 典型行銷計劃書附錄

行銷時程與預算評估建立，可參酌下表：

時程	行銷活動	預算
9 月	整備直效行銷郵案資料	$15,000
9- 10 月	整備其它行銷資料	$17,000
11 月	更新和影音線上內容	$3,000
12 月	案發郵件	$15,000
1- 3 月	評估回應率	$2,000
4 月	電子郵件追蹤	$3,000
8 個月計劃		總合＝ $55,000

行銷管理實務個案討論

客人都跑去大賣場了

　　原本位於新北市繁華商圈地帶的麥當勞，有家庭主婦、學生、上班族等穩定客源，但最近業績開始往下滑，新任店經理 Mike 於是找來店內的幹部開會討論影響消費者減少的可能原因，在排除了道路施工、附近商業公司減少，以及搭捷運人潮減少等等因素，應該就是附近 500 公尺新開一家大型量販店，不但提供消費者免費停車，又規劃寬敞的美食街，販賣中式飯麵、日本料理、台灣小吃、義大利披薩、炸雞漢堡、甜點飲料等等，價位也只要 70 元左右，讓附近消費者多了用餐的選擇。Mike 與幹部想了很多活動計劃，希望找回原來的老消費者。

（資料來源：財團法人商業發展研究院。）

問題討論

1. 選擇一個你最喜歡的品牌，看看該公司的 5Cs 以及分析他的品牌情況？基於上述品牌評估你會提出什麼樣的建議？
2. 試著利用 STP 模型來解構選舉活動，想一想你最喜歡的政黨的政治人物應該如何進行他們的選舉？
3. 想像一個剛從大學畢業的年輕人，正準備展開一個全新的生涯，包括當個喜劇演員、歌手或是運動經紀人。試著草擬一份最佳的 4Ps 策略建議，幫助他（她）順利謀取一份理想工作，成功地朝向他（她）的人生目標邁進。

索引

一劃
一對一行銷　one-to-one marketing　27

三劃
大眾行銷　mass marketing　26

四劃
不完全競爭　imperfect competition　26
不採用者　nonadopters　99
公司　company　7
公共關係　public relations, PR　147
支付高價　pay premium prices　81
比較性廣告　comparative ad　135

五劃
古典制約　classical conditioning　20
市場導入期　market introduction　96
市場成長期　market growth　98
市場成熟期　market maturity　98
市場定位　positioning　8, 194
市場衰退期　market decline　98
市場區隔　market segment　8, 26, 27, 81, 194
市場發展　market development　100, 184
市場滲透　market penetration　100, 184
生命週期階段　stage in the life cycle　29
由上而下　top down　92
由下而上　bottom up　92
由內而外　insideout　93
目標市場　targeting　194

六劃
共同創造　cocreation　93
向前整合　forward integration　124

向後整合　backward integration　124
回憶　recall　138
多角化　diversification　100, 184
年齡　age　29
成本領先　cost leadership　187
早期大眾　early majority　99
早期使用者　early adopters　30, 99
有形　tangible　69
行為　behavior　134
行銷　marketing　3

七劃
低涉入　low-involvement　160
低認知風險　less perceived risk　80
利基行銷　niche marketing　28
改良　improve　92

八劃
事件贊助　event sponsorship　147
供應鏈管理　supply chain management　120
合作者　collaborators　8
所得收入　income　29
拉式　pull　122
明星　star　185
物流運籌　logistics　118
狗　dog　185
非比較性廣告　noncomparative ad　135
定價　pricing　8

九劃
信任　credence　70
品牌延伸　brand extensions　85
品牌雨傘　Umbrella branding　84

品牌家族　House of brands　84
降低固定成本　decrease fixed costs　183

減少變動成本　decrease variable costs　183
集中化　focused　187

十劃

個性　personality　83
家戶人員結構　household composition　29
差異化　differentiation　187
氣候　climate　29
訊息　information　80
配銷的密集性　distribution intensity　121
配銷通路　distribution channel　118
高涉入　high-involvement　160

十三劃

傳達　convey　80
損益平衡　breakeven　111
搜尋　search　70
新　new　92
落後者　laggards　99
電子測試　electronic test markets　95

十四劃

認知　cognition　134

十一劃

區域測試　area test markets　95
問題　question mark　185
密集　intensively　121
接觸率　reach　143
接觸頻率　frequency　143
推式　push　122
推廣　promoting　8
推銷　pulls　121
教育　education　29
晚期大眾　late majority　99
金牛　cash cow　185
理想的　ideal　82
產品　product　8, 67, 68
產品發展　product development　100, 184
產品置入　product placement　147
產品線延伸　line extensions　85
產品類延伸　product category extensions　85
通路　place　8
都會區　urban　29

十五劃

價格改變　change prices　183
價格敏感　price sensitivity　109
廣告　advertising　133
彈性　elasticity　109
銷售人員　personal selling　146
銷售促銷　sales promotion　147
銷售量成長　grow sales volume　183

十六劃

操作制約　operant conditioning　22

十七劃

擬真測試　simulated test markets　95
環境　context　7
總收視率　gross rating points, GRP　143

十八劃

鎖定　target　8

十二劃

創新者　innovators　99

二十劃

競爭者　competitors　8

二十一劃

消費者　customer　7
消費者忠誠　induce loyalty　80
消費者終生價值　customer lifetime value, CLV
　163

二十三劃

變異性　variable　71
體驗　experience　70
體驗行銷　experience marketing　69

MEMO

MEMO